DR. HELGA HOFMANN

Wildkräuter und Beeren

Liebe Leserin, lieber Leser,

wie kostbar ist doch das Wissen um die Schätze, die die Natur in unserer unmittelbaren Umgebung für uns bereithält! Und wie hilfreich kann dieses Wissen sein, wenn es zum Wohlbefinden beiträgt und für unsere Ernährung und deren geschmacklicher Verfeinerung genutzt werden kann. Für unsere Vorfahren waren die Kenntnisse um die geschmacksverstärkende und gesundheitsfördernde Wirkung der Wildkräuter und Beeren ganz selbstverständlich und wurden von Generation zu Generation weitergegeben. Vielerorts fielen sie dann der Vergessenheit anheim und wurden nur hinter Klostermauern gepflegt, bevor sie in unserer Zeit eine Renaissance erlebten.

Der vorliegende Band möchte Sie mit diesem Wissen vertraut machen und es Ihnen auf anschauliche Weise vermitteln. Er stellt Ihnen die Pflanzen vor und gibt Ihnen Ratschläge und Tipps im Umgang mit den Wildkräutern und Beeren, mit deren Hilfe Sie nicht nur schmackhafte Gerichte zubereiten, sondern auch auf einfache und natürliche Weise Ihr körperliches Wohlbefinden steigern können.

Unser Anspruch war dabei nicht die Vollständigkeit aller Arten, sondern eine stichhaltige und populäre Auswahl derjenigen Pflanzen, die Sie tatsächlich in der Natur antreffen werden und mit diesem Buch sicher bestimmen können. Aufgenommen haben wir außerdem die Früchte, Blüten und Blätter von Bäumen, von deren Verwendung eine heilende Wirkung ausgeht. Die kleinen Geschichten, die wir dabei erzählen, werden sich nachhaltig in Ihre Erinnerung einprägen – damit sie von Ihnen weitergegeben werden.

Mit herzlichem Gruß

Georg Kessler
Der Herausgeber

Wildkräuter
und Beeren

Die faszinierende Welt der Wildkräuter

Seit Urzeiten wussten die Menschen Wildpflanzen und deren Früchte als Nahrung zu nutzen. Wiesenpflanzen dienten als gesundes Gemüse oder verliehen Speisen ein würziges Aroma, Sträucher schenkten saftige Beeren und auch Bäume lieferten nahrhafte Früchte und Samen wie etwa Wildäpfel, Bucheckern oder Esskastanien. Die Kenntnis darüber, was essbar ist und was nicht, wurde von Generation zu Generation weitergegeben. In den vergangenen Jahrzehnten wandelten sich nicht nur unser Lebensstil, sondern auch die Ernährungsgewohnheiten. Nicht, dass Kräuter oder Beeren heute nicht mehr geschätzt würden, die »Herbes de Provence«, die Heidelbeermarmelade oder den Kräuterlikör kauft man aber in der Regel im Supermarkt und fertigt sie kaum mehr aus selbstgesammelten Zutaten in der eigenen Küche. Dabei hält die Natur nach wie vor die leckersten Salat- und Gemüsekräuter bereit, die schmackhaftesten Wildbeeren wachsen an den Zweigen der Sträucher und viele Bäume

Wenn die rau behaarten Knospen des Borretsch sich öffnen, entfalten sich zarte, himmelblaue Blütensterne. Sie sehen nicht nur hübsch aus, sie entfalten auch ein feinwürziges Aroma auf der Zunge.

Mit ihrem großen Laub ist die Rosskastanie (Aesculus hippocastanum) *ein beliebter Schattenspender in Parks und Biergärten, ihre Früchte jedoch kann man nicht essen.*

spenden nicht nur Schatten, sondern liefern auch essbare Köstlichkeiten. Die wichtigsten und bekanntesten Vertreter von essbaren Wildkräutern und -früchten zeigt dieses Buch.

WILDKRÄUTER SICHER BESTIMMEN

In jüngster Zeit erleben Wildkräuter und Wildfrüchte eine wahre Renaissance. Man schätzt sie wieder als Gewürze oder als besonders aromatischen Genuss und ebenso als Heilpflanzen. Leider ist das traditionelle Wissen darüber, welche Pflanzen man dafür verwenden kann, vielfach in Vergessenheit geraten und damit auch die Kenntnis der Arten. Dabei ist das sichere Bestimmen von Wildpflanzen überaus wichtig – im ureigenen Interesse. Nicht wenige der essbaren Pflanzen haben nämlich Doppelgänger, die unbekömmlich oder gar ernsthaft giftig sind. Daher gilt als Grundsatz Nummer eins beim Sammeln von Wildpflanzen:

Es dürfen nur Pflanzen gepflückt werden, die man sicher identifizieren kann! Generell sollte man sich dabei nicht damit zufriedengeben, dass die Erntepflanze so aussieht wie das Foto im Buch. Ein Abgleich mit dem beschreibenden Text ist immer notwendig. Dieser muss in allen Details mit dem »Fundstück« übereinstimmen. Häufig unterscheiden sich nämlich verwandte Pflanzenarten nur in einem von mehreren Merkmalen. Dazu kommt, dass manche Pflanzen in ihrem Erscheinungsbild erheblich variieren können, sei es, dass sie unterschiedliche Blütenfarben ausbilden wie z.B. der Beinwell, sei es, dass sie sich, je nach Standortbedingungen, zu einem kleinen Pflänzchen oder einer mannshohen Staude entwickeln können, wie es etwa die Waldengelwurz zuwege bringt. Der erste Blick auf eine Pflanze kann oftmals täuschen.

Erleben statt lesen

Doch all die Informationen, die sich einem Buch (auch diesem Buch) entnehmen lassen, vermögen nicht das persönliche Erleben in der Natur zu ersetzen. Bücher sollten in erster Linie dazu anregen, sich mit den essbaren Wildpflanzen zu beschäftigen, und das nicht nur in der Theorie! Gehen Sie, ganz wie in den alten Zeiten, mit erfahrenen

Aus den großen Blättern des Wiesenknöterichs lässt sich ein ausgezeichneter Spinat zubereiten, der auch im Geschmack dem Blattspinat gleicht.

Das Hirtentäschelkraut wächst an fast jedem Wegrand. Doch wer weiß heute noch, dass man praktisch alles an dem kleinen Pflänzchen essen kann?

Pflanzenkennern in die Natur hinaus und lernen Sie von diesen die »richtigen« Pflanzen erkennen. Solche Kräuterwanderungen werden heute wieder häufig angeboten.

Die Pflanzennamen

Die meisten unserer heimischen Pflanzen haben mehrere deutsche Namen, und seien sie auch nur regional gebräuchlich. Das bringt nicht selten Missverständnisse mit sich. Daher benützen die Fachleute wissenschaftliche Artnamen. Diese haben internationale Gültigkeit und sind eindeutig. Die von lateinischen oder griechischen Begriffen hergeleiteten wissenschaftlichen Namen bestehen stets aus zwei Teilen: Der vordere Teil bezeichnet die Verwandtschaftsgruppe (Gattung), zum Beispiel Rosa *für die Rosen.Der zweite Namensteil benennt die Art, etwa* Rosa canina *für die Hecken- oder Hundsrose.*

VERSCHIEDENE LEBENS- UND WUCHSFORMEN

Ob eine Pflanze essbar ist oder nicht, hängt allein von ihren »inneren Werten«, ihren Inhaltsstoffen und ihrem Geschmack, ab. Es gibt kein Merkmal, an dem man es ihr äußerlich ansehen könnte. Für Kräuter und Stauden trifft dies ebenso zu wie für Bäume und Sträucher.

Wie alle Laucharten ist Schnittlauch ein Zwiebelgewächs. Durch den Austrieb zahlreicher Tochterzwiebeln aus der Hauptzwiebel entstehen dichte Horste.

Ein- und zweijährige Pflanzen

Einjährige Pflanzen leben nur eine Vegetationsperiode lang. Sie keimen, wachsen und blühen in dieser Zeit und beenden ihren Lebenszyklus schließlich mit der Bildung von Samen. Die Samen enthalten fast kein Wasser und sind daher durch Frost kaum gefährdet. Sie überdauern die kalte Jahreszeit, um in der wärmenden Frühlingssonne zu einem neuen Lebenszyklus auszukeimen.

Zweijährige Pflanzen bilden im ersten Jahr nur Blattwerk. Als Grünpflanzen, oft dicht an den Boden geschmiegt, überdauern sie dann den Winter. Erst im zweiten Jahr entwickeln sie einen Blütenspross und bringen ihren Lebenszyklus mit der Ausbildung von Samen zum Abschluss.

Langlebige Stauden

Die Mehrzahl der Wildpflanzen führt ein längeres Leben. Der Botaniker spricht von ausdauernden Pflanzen. Bei den meisten von ihnen bleiben die Triebe krautig. Solche Pflanzen nennt man Stauden.

Um die kalten Winter überstehen zu können, legen Stauden während der wärmeren Jahreszeiten Vorräte an. Sie lagern Nährstoffe in ihrem ausgeprägten Wurzelwerk ein. Im Spätherbst oder Winter sterben die oberirdischen Pflanzenteile dann weitgehend ab. Wenn die Pflanze im nächsten Frühjahr die Nährstoffe in ihrem Vorratslager mobilisiert, treibt sie wieder aus.

Rhizom Diese Sonderform unter den Speicherorganen ist keine Wurzel, sondern ein unterirdisch kriechender Spross, aus dem nach unten Wurzeln und nach oben oberirdische Sprosse austreiben.

Zwiebel Ebenfalls eine spezielle Form, in der Pflanzen Nährstoffe speichern können. Zwiebelgewächse lagern ihre Vorräte in fleischig verdickte, oft tief im Boden verborgene Blätter ein, die schalenförmig übereinanderliegen. Von der Küchenzwiebel kennt man diese Art Pflanzenteile, aber auch Schnittlauch und Bärlauch entwickeln solche Nährstoffspeicher.

Gehölze

Mit Abstand das höchste Alter können diejenigen Pflanzen erreichen, deren Stamm und Triebe verholzt sind. Man spricht in diesem Fall von Bäumen und Sträuchern.

Bäume zeichnen sich durch einen astlosen Stamm aus, der die Baumkrone aus Ästen und Zweigen trägt. Der Stamm kann, je nach Art und Wuchsbedingungen, hoch emporragen oder sich schon niedrig über dem Boden in starke Äste verzweigen.

Sträucher dagegen haben vom Boden weg mehrere gleichstarke Äste, die sich bis zu den dünnen, jüngsten Trieben immer weiter verzweigen. Sträucher können eine Höhe von 5 m und mehr erreichen, aber auch kaum kniehoch bleiben. Solche Zwergsträucher sind etwa Heidelbeere oder Preiselbeere.

Klein, aber fein! Botanisch gesehen ist die Preiselbeere ein Zwerggehölz, kulinarisch aber sind die Beeren, die sie uns schenkt, ein gigantischer Genuss.

BLÄTTER, DIE GRÜNEN VISITENKARTEN DER PFLANZEN

Wer »Pflanze« sagt, denkt an Grünes. An Blätter, die aus dem Boden sprießen oder sich an einem Stängel aufreihen. Blätter sind neben den Blüten, die sich allerdings nur kurze Zeit im Jahr zeigen, die charakteristischsten Teile einer jeden Pflanze. Über den Jahresverlauf hinweg gesehen sind sie die wichtigste Bestimmungshilfe beim Erkennen von Pflanzen.

Energiefabriken

Mit ihrer flächigen Form und der grünen Farbe sind die Blätter perfekt für ihre Aufgabe geeignet. Sie fangen das Sonnenlicht ein und nutzen dessen Energie, um aus Wasser und dem Kohlendioxid der Luft Nährstoffe zu produzieren – diese Nährstoffe wiederum sind der gesunde Bestandteil der menschlichen Nahrung. Um genau zu sein, wird in den Blättern mithilfe des grünen Blattfarbstoffs Chlorophyll zunächst einmal Zucker beziehungsweise Stärke produziert. Aus diesen Ausgangsprodukten vermag die Pflanze alle Stoffe zu bilden, die sie zum Wachsen und Leben braucht. Sie baut daraus neue Triebe mit neuen Blättern, zu gegebener Zeit auch mit Blüten, auf. Später im Jahr produziert sie dann die für Mensch und Tier wohlschmeckenden Früchte oder Samen – und all das letztendlich aus Licht, Luft und Wasser.

Wie bei allen Laucharten sitzen die Blätter des Bärlauchs nicht einem gemeinsamen Stängel an, sondern entsprießen direkt dem Boden.

Bei vielen Pflanzen sind die Blätter am Stängel oder an den Zweigen wechselständig angeordnet, mal rechts, mal links, wie hier bei der Hainbuche.

Blattstellungen

Um eine unbekannte Pflanze identifizieren zu können, sollten Sie zunächst darauf achten, wie ihre Blätter am Stängel angeordnet sind.

Grundständige Blätter, auch kurz Grundblätter genannt, sitzen dem Stängel ganz unten an. Oft sieht es so aus, als kämen sie direkt aus dem Boden. Häufig bilden sie eine Rosette, wie es zum Beispiel der Breitwegerich vorführt. Solche Rosettenblätter wachsen aus einem stark verkürzten Stängel heraus und überlappen sich spiralig. Gar nicht selten sehen die Grundblätter einer Staude ganz anders aus als ihre oberen Stängelblätter. Beim Barbarakraut zum Beispiel haben die langen, gefiederten Blätter der Grundrosette große, runde Endabschnitte, während die oberen Blätter klein und ungeteilt am Stängel sitzen und allenfalls einen gezackten Rand aufweisen.

Wechselständige Blätter setzen einzeln am Stängel an, immer nur ein Blatt auf einer bestimmten Stängelstelle, das nächste ein Stück höher und in der Richtung versetzt.

Gegenständige Blätter stehen sich am Stängel jeweils paarweise gegenüber. Setzen pro Ansatzstelle drei oder mehr Blätter an, spricht man von einer wirteligen Anordnung. Der Waldmeister etwa hat Blattwirtel aus sechs bis acht schmalen Einzelblättchen.

Blattformen

Grundsätzlich gilt es zu unterscheiden zwischen einfachen, das heißt ungeteilten Blättern und gefiederten Blättern. Bei einfachen Blättern bildet die Blattspreite eine durchgehende Fläche, die höchstens am Rand ein wenig eingeschnitten oder gebuchtet ist. Bei gefiederten Blättern ist die Blattspreite deutlich in mehrere Abschnitte unterteilt, die bis zur Mittelrippe voneinander getrennt sind.

Haben gefiederte Blätter eine gerade Anzahl von Teilblättchen ohne ein abschließendes Teilblatt am Ende der Mittelrippe, spricht man von paarig gefiedert. Kommt vorne ein einzelnes, abschließendes Teilblättchen dazu, handelt es sich um ein unpaarig gefiedertes Blatt. Wenn die Teilblättchen ihrerseits noch weiter unterteilt sind, ist das Blatt zwei- oder sogar mehrfach gefiedert.

Blattfarben

Auf den ersten Blick erscheinen Blätter in der Regel grün. Sieht man jedoch genauer hin, gibt es da erhebliche Unterschiede. Während etwa die Blätter von Bärlauch oder Kapuzinerkresse glatt und glänzend dunkelgrün sind, tragen die mattgrünen Blätter des Lungenkrauts weißliche Flecken und zeigen die Blätter der Großen Klette filzig weiße Unterseiten. Das graugrüne Laub des Sanddorns mit den silbrig weißen Blattunterseiten lässt den ganzen Strauch eher grau erscheinen als grün.

Die Blütenköpfe der Kohlkratzdistel werden von einigen kleineren hellgrünen Hochblättern, die direkt unterhalb am Stängel sitzen, umhüllt.

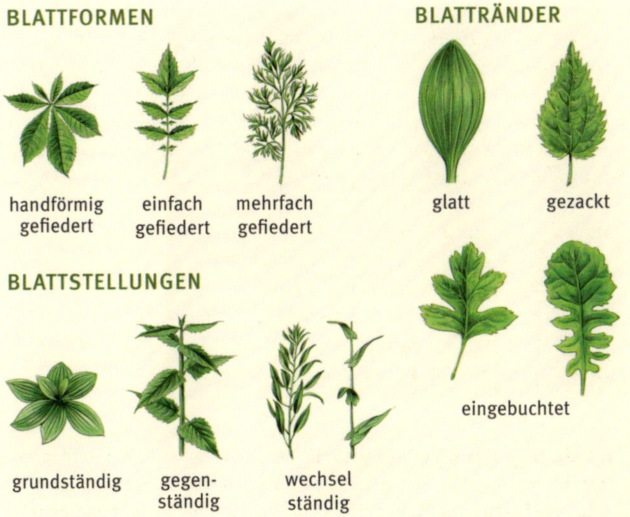

Blätter können sehr unterschiedlich aussehen und spielen bei der Artenbestimmung eine wichtige Rolle. Die Illustration zeigt die häufigsten Formen, Ränder und Stellungen.

Blattoberflächen

Blätter sehen nicht nur unterschiedlich aus, sie fühlen sich auch ganz verschieden an. Manche sind ledrig hart und glatt wie die des Heidelbeerstrauchs, andere derb und ein wenig kratzig wie die der Brombeerranken, wieder andere fühlen sich weich, ja beinahe samtig an wie die des Haselnussstrauchs.

Besonderheiten bei Blättern

Neben den »gewöhnlichen« Laubblättern gibt es auch eine Reihe von besonderen Blättern, die entweder eine spezielle Aufgabe haben oder an einer besonderen Stelle der Pflanze sitzen. Als Tragblätter werden z.B. Blätter bezeichnet, aus deren Achseln Seitentriebe oder Blüten entspringen. Nebenblätter sind meist (aber nicht immer) klein und sitzen an der Basis eines Blattstiels. Ist dieser an seiner Basis verbreitert und umschließt den Stängel wie eine Scheide, so spricht man von einer Blattscheide. Besonders große, auffällige Blattscheiden hat z.B. die stattliche Waldengelwurz.

Die Kapuzinerkresse produziert eine ganze Palette leuchtender Blütenfarben, von Gelb über Orange bis Rot. In diesem Buch finden Sie sie in der Farbgruppe »gelb« eingeordnet.

BUNTER BLÜTENZAUBER

Die meisten Pflanzen bringen Blüten in auffälligen Formen und bunten Farben hervor. Sie dienen ihnen gleichsam als Reklameschilder, die den Insekten zeigen sollen, dass es hier etwas zu holen gibt. Süßen Nektar und schmackhaften Pollen nämlich. Als Gegenleistung erwartet die Pflanze die Bestäubung ihrer Blüten durch die Insekten.

Blütenfarben

Nach der Blütenfarbe sind die vorgestellten Pflanzen in diesem Buch geordnet – was in der Praxis nicht immer ganz einfach ist, denn die Natur kennt auf dem Gebiet der Farben viele Ausnahmen. So können üblicherweise rosa blühende Pflanzen durchaus in manchen Fällen beinahe weiß aussehen, und umgekehrt normalerweise weiß blühende Pflanzen wie z.B. die Schafgarbe gelegentlich mit rosa Blüten auftreten. Auch bei violett blühenden Gewächsen können einzelne Exemplare mehr oder weniger stark rotviolett, andere blauviolett auftreten. Schließlich gibt es noch Blüten, die ihre Farbe während der Blütezeit von Rot nach Blau verändern. Der Beinwell ist ein solcher Farbkünstler, ebenso das Lungenkraut.

Im Verbund noch auffälliger

Viele Pflanzen, vor allem diejenigen mit sehr kleinen Einzelblüten, setzen darauf, ihre Blüten zu größeren Blütenständen zu »bündeln«. Auf diese Weise bilden sie auf Distanz einen breiteren »Farbklecks«, der im Grün der Blätter stärker auffällt.

Wind statt Insekten

Einige Pflanzen verlassen sich nicht auf Insekten als Bestäuber, sondern setzen für diese Aufgabe auf den Wind. Sie produzieren Pollen in riesigen Mengen und entlassen ihn bei trockenem Wetter in die Luft. Der Wind trägt den Pollen dann zu weiblichen Blüten, die ihre bestäubungsbereiten Narben in die Luft recken. Solche Pflanzen, zu denen neben den Nadelbäumen unter anderem auch die Birken und Haselnusssträucher oder der Beifuß gehören, brauchen darum auch keine auffälligen Blütenfarben.

Nach Aufbau und Zusammensetzung unterscheidet man verschiedene Typen von Blütenformen (siehe hintere Klappen).

Vielfalt im Design

Wie groß oder klein die Blüten auch sein mögen, sie bestehen immer aus vier Grundbausteinen: dem Kelch und der Krone, den Staubblättern und dem Fruchtknoten samt Griffel und Narbe. Diese Bauteile allerdings treten in einer fast unendlichen Vielfalt auf. Welch unterschiedliche Typen von Blüten es in unserer Natur gibt, zeigt die hintere Umschlagklappe.

Jedes für sich alleine würden die winzigen Blütensternchen der Wilden Möhre wohl kaum Aufmerksamkeit erregen. Im Verbund einer großen Dolde sind sie weithin zu sehen.

VON ECHTEN UND VON FALSCHEN BEEREN

Wenn von »Wildfrüchten« die Rede ist, sind in den allermeisten Fällen Beeren gemeint. Der volkstümliche Sprachgebrauch ist in diesem Punkt etwas ungenau und nennt alle kleinen, fleischigen Früchte, die an Zweigen hängen, kurzerhand »Beeren«. Der Botaniker sieht hier etwas genauer hin. Eine Übersicht der häufigsten Wildfrüchte finden Sie zusätzlich auf der hinteren Klappe.

Beeren

Die meist kleinen, rundlichen Früchte haben ein fleischiges, mehr oder weniger saftiges Fruchtfleisch, in das ein oder mehrere Samen eingebettet sind. Zu diesen echten Beeren zählen unter anderem Heidelbeeren und Johannisbeeren, aber auch die Früchte des Holunders oder der Berberitze.

Steinfrüchte

Steinfrüchte zählen wohl zu den bekanntesten Obstsorten: Pfirsiche, Kirschen und Pflaumen gehören unter anderem dazu, alles Früchte, die einen vergleichsweise großen und »steinharten« Kern in ihrem Inneren bergen. Doch nicht wenige der vermeintlichen »Beeren« sind ebenso aufgebaut. Anatomisch besteht die Fruchthülle, die

An den »Krönchen« aus vertrockneten Resten der Kelchblätter erkennt man, dass die Früchte des Weißdorns zu den Apfelfrüchten zählen.

Die Himbeere setzt sich aus vielen kleinen Steinfrüchten mit weichem, saftigem Fruchtfleisch zusammen, und heißt daher Sammelsteinfrucht.

Sehen aus wie Beeren, gehören im botanischen Sinn aber wie Kirschen oder Pfirsiche zum Steinobst: die saftigen Früchte der Schlehe.

den Samen umgibt, bei diesen Früchten aus zwei Schichten. Die äußere Schicht ist weich und meist auch saftig, die innere Schicht ist verholzt und damit sehr hart. Der eigentliche Samen befindet sich im Inneren des Steinkerns. Solche Früchte hängen z.B. an den Zweigen der Kornelkirsche ebenso wie der Schlehe oder des Sanddorns.

Apfelfrüchte

Wie der Name schon sagt, entsprechen Apfelfrüchte in ihrem Aufbau dem Modell »Apfel«. Ihr Fruchtfleisch entwickelt sich nicht wie bei Beeren und Steinfrüchten aus dem Fruchtknoten der Blüte, bei ihnen ist es vielmehr die Blütenachse, die zu einem fleischigen Gewebe auswächst. In dessen Inneren sitzen mehrere Kerne, die jeweils von einem pergamentartigen Balg umgeben sind. Von außen verrät sich eine Apfelfrucht gewöhnlich durch ein »Krönchen« aus vertrockneten Kelchblättern an ihrem unteren Ende. Die Früchte von Weißdorn, Felsenbirne und Eberesche zählen zu den Apfelfrüchten.

Sammelfrüchte

Eine weitere Sonderform von »Beeren« sind nach der botanischen Definition nicht eine, sondern gleich mehrere Früchte, die aber im Verbund auftreten. Bei Himbeeren und Brombeeren fällt dies deutlich ins Auge. Beide bestehen aus lauter saftigen, kugeligen Miniatur-Steinfrüchtchen, die oberflächlich zusammenhängen.

ERNTEN, ABER RICHTIG

Pflanzen, die man essen kann, lassen sich in der Natur fast überall finden. Aber nicht überall sind sie in einem Zustand, in dem man sie auch mit Genuss und gutem Gefühl verspeisen könnte. Das »Wo« hat für das Sammeln von Wildpflanzen mindestens so große Bedeutung wie das »Wann« und »Wie«.

Geeignete und ungeeignete Sammelplätze

Ob in der Stadt oder auf dem Land – die Pflanzen, die zum Verzehr bestimmt sind, sollten nicht nur auf den ersten Blick sauber erscheinen, sondern auch tatsächlich frei von Verunreinigung sein. Das heißt, es gilt auch bei frisch und appetitlich aussehenden Gewächsen zu überlegen, ob sie nicht etwa verschmutzt sein könnten. Was neben stark befahrenen Straßen wächst, ist zweifellos durch Abgase, Ruß und Reifenabrieb belastet, in städtischen Grünanlagen kann eine Verunreinigung durch Hunde nicht ausgeschlossen werden. Wer in der Stadt auf Sammeltour geht, sollte sein Augenmerk daher auf »hundefreie« Zonen richten oder sich in den Parks auf Baumblätter und Strauchfrüchte beschränken, die über »Hundeniveau« hängen.

Artenschutz beachten

Alle Pflanzen in diesem Buch können nach aktuellem Bundesartenschutzgesetz gesammelt werden. Grundsätzlich gilt, dass geschützte Pflanzen nicht gesammelt werden dürfen. Welche das in Deutschland sind, kann man in der Bundesartenschutzverordnung nachlesen (> Service). Aus Gründen des Naturschutzes gibt es aber auch regionale Einschränkungen für das Entnehmen von Pflanzen oder Pflanzenteilen aus der Natur. Informieren Sie sich daher vor dem Sammeln in Schutzgebieten über die örtlich geltenden Bestimmungen!

Auch auf dem Land sollte man genau hinsehen, wo man Wildkräuter erntet. Viehweiden sind dafür ungeeignet, denn abgesehen von der Verunreinigung durch Kot und Urin sind sie auch meist hoffnungslos überdüngt. An Feldrainen zu sammeln ist nur dann unbedenklich, wenn auf diesen Anbauflächen ein Einsatz von Pestiziden auszuschließen ist. (Auch bei Biobetrieben ist es durchaus ratsam, sich zunächst danach zu erkundigen, wie die Felder bewirtschaftet und vor allem gedüngt werden.)

Halten Sie sich beim Sammeln lieber an unbewirtschaftete Flächen, etwa Trockenhänge, Bach- und Flussauen oder Waldgebiete.

Achtung, Privatgrund!

Selbstverständlich muss man beim Pflanzensammeln stets die Eigentumsrechte beachten. Wer Privatgrund betreten will, darf das nur mit Zustimmung des Besitzers. Das gilt für Gärten ebenso wie für landwirtschaftliche Anbauflächen und übrigens auch für Wiesen während der Vegetationszeit.

Oft reicht eine kurze mündliche Nachfrage und man erhält die Erlaubnis zum Sammeln. Bestimmt ist so mancher Gartenbesitzer froh, wenn seine Grünfläche von Giersch oder Brennnesseln befreit wird.

Feldraine abseits von Verkehrsstraßen sind gute Stellen, um Wildkräuter zu sammeln – vorausgesetzt, die Felder werden ohne Einsatz von Pestiziden bewirtschaftet.

Die beste Sammelzeit

Wildkräuter, die man frisch verzehren will, sollten so kurz wie möglich vor der Verwendung geerntet werden. Vor allem im Sommer stehen die Blätter morgens am besten »im Saft«, der Vormittag empfiehlt sich also zum Sammeln am ehesten. Dann ist der Tau bereits abgetrocknet, die Sonne hat die Pflanzen aber noch nicht schlapp werden lassen. Insbesondere Blüten, die zur ansprechenden Speisendekoration dienen sollen, müssen frisch gezupft sein. Sie halten keine stundenlange Aufbewahrung durch.

Gesammelte Wildkräuter, die auf die eine oder andere Art konserviert werden sollen, etwa getrocknet für Kräutertee, müssen nicht zwangsläufig knackig und frisch bleiben. Dennoch sollte man bei der Ernte berücksichtigen, dass nach anhaltenden Regenfällen oder auch nach längerer Trockenzeit der Gehalt an Inhaltsstoffen bei den Pflanzen niedriger sein kann.

Der richtige Transport

Welches Transportgefäß man wählt, um seine gesammelten »Schätze« nach Hause zu bringen, hängt davon ab, was man geerntet hat und wie lange es bis zu seiner Verwendung dauern wird. Bei kurzen Wegen und baldigem Verzehr braucht man sich darüber keine Gedanken zu machen. Anders, wenn man noch stundenlang unterwegs sein wird. Beeren sind dann am besten in einem luftdurchläs-

Um die gesammelten Beerenschätze gut nach Hause zu bringen, eignet sich am besten ein luftdurchlässiges Flecht- oder Spankörbchen.

sigen Körbchen aufgehoben, ersatzweise in einem Stoffbeutel oder einer Papiertüte.

Zarte Blätter oder Pflanzenstängel bleiben in einer verschließbaren Plastikdose oder Plastiktüte länger frisch. Auch in ein angefeuchtetes Tuch kann man sie einschlagen, bei größeren Mengen Sammelgut ist eine Kühltasche hilfreich. Unterschiedliche Kräuter legt man am besten gleich getrennt in verschiedene Behältnisse, dann muss man sie zu Hause nicht erst mühsam wieder auseinandersortieren.

Zarte Blüten wie diese Malvenblüten welken sehr rasch. Zupfen Sie sie daher erst so kurz wie möglich vor der Verwendung von den Pflanzen.

Praktische Hilfsmittel

Wer gezielt zum Sammeln von Kräutern und Beeren aufbricht, sollte sich mit einigen nützlichen Hilfsmitteln ausrüsten.

- *Zum Abschneiden derberer Stängel leistet eine Schere gute Dienste.*
- *Dünne Handschuhe oder Haushaltshandschuhe aus Gummi schützen beim Sammeln von Brennnesseln vor schmerzhaften Hautreizungen.*
- *Mit Stift und Notizbuch lassen sich ergiebige Fundstellen festhalten – als Gedächtnisstütze fürs nächste Jahr. Auch noch unreife Beeren verdienen eine Notiz, damit nicht versäumt wird, zu gegebener Zeit noch einmal dort vorbeizuschauen.*
- *Ein Bestimmungsbuch sollte immer Bestandteil der Ausrüstung sein. Das richtige Bestimmen der Wildpflanzen kann unter Umständen lebenswichtig sein.*

WAS IN DEN PFLANZEN STECKT

Von jeher waren die Inhaltsstoffe der Pflanzen für die Menschen Grundlage ihrer Nahrung. Wenn auch die energieliefernden Hauptnährstoffe Kohlenhydrate, Fette und Eiweiße mengenmäßig überwiegen, so enthalten doch alle Pflanzen darüber hinaus eine Unzahl weiterer Inhaltsstoffe. Und genau diese Vielfalt ist es, die gesund hält.

Hauptnährstoffe

Drei Stoffgruppen sind es, die hauptsächlich als Energielieferanten fungieren:

Kohlenhydrate machen mengenmäßig den größten Teil der pflanzlichen Inhaltsstoffe aus. In Form von Zucker und Stärke liefern sie schnell umsetzbare Energie. Aber auch die sogenannten Ballaststoffe, die in der Pflanzennahrung enthalten sind, bestehen aus Kohlenhydraten, nur eben solchen, die der Mensch nicht verdauen kann und wieder ausscheidet. Ebenso zählen Cellulose, Pektine und Schleimstoffe dazu, Substanzen, die in hohem Maß Wasser speichern können und die Darmtätigkeit anregen.

Fette sind besonders wichtige Energielieferanten. Man findet sie reichlich in Nüssen und verschiedenen anderen Samen.

Keine andere heimische Wildfrucht ist so reich an Vitamin C wie die Beeren des Sanddorns.

Haselnüsse enthalten bis zu 60 Prozent Fett, sind also ein ausgesprochen energiereiches Nahrungsmittel.

Eiweißstoffe (Proteine) sind gleichfalls in großen Mengen in Nüssen enthalten, aber auch in vielen Samen und sogar in etlichen Blättern, zum Beispiel denen der Brennnesseln. Der menschliche Körper benötigt sie für den Zellaufbau, den Stofftransport, die Steuerung des Stoffwechsels und vieles mehr.

Was sonst noch wichtig ist

Mit dem ausschließlichen Verzehr von Hauptnährstoffen könnte man sich zwar ernähren, würde dabei aber nicht lange gesund bleiben. Glücklicherweise können die Pflanzen auch die Zusatzstoffe bieten, die der Organismus sonst noch benötigt.

Vitamine sind Substanzen, die der Körper für ein reibungsloses Funktionieren braucht, die er aber selber nicht oder zumindest nicht in ausreichender Menge herstellen kann. Pflanzen liefern sie in reichem Maß, allen voran das allbekannte Vitamin C.

Mineralstoffe zählen wie die Vitamine zu den Substanzen, aus denen der Körper zwar keine direkte Energie beziehen kann, die er aber zum Leben unbedingt benötigt. Die wichtigsten davon, nämlich Kalium und Kalzium, Natrium, Magnesium und Phosphor, sind in Pflanzen reichlich vorhanden. Dazu kommen die sogenannten Spurenelemente, z.B. Eisen, Zink, Selen oder Jod, die er ebenso nötig, wenn auch nur in kleinsten Mengen braucht.

Sekundäre Pflanzenstoffe

Unter diesem Begriff werden die unterschiedlichsten Substanzen zusammengefasst. Gemeinsam ist ihnen, dass sie von den Pflanzen im Stoffwechsel gebildet werden, um ganz bestimmte Aufgaben zu erfüllen. Das kann die Abwehr von Schädlingen sein, zum Beispiel durch Gerbstoffe, oder die Farbgebung der Blüten durch die verschiedenen Farbstoffe. Etliche Tausend solcher Substanzen konnten die Wissenschaftler bis heute schon identifizieren und erforschen.

Manche dieser sekundären Pflanzenstoffe zeigen auch im menschlichen Organismus eine Wirkung. So vermögen zum Beispiel die sogenannten Phytoöstrogene des Rotklees bei Frauen die Wechseljahrsbeschwerden zu mildern. Die Gruppe der sogenannten Senföle hat nachgewiesenermaßen eine leicht antibiotische Wirkung und Gerbstoffe können bis zu einem gewissen Grad Entzündungen hemmen. In der großen Gruppe der Alkaloide finden sich viele Inhaltsstoffe, die für Menschen überaus giftig sind, einige davon werden als rauscherzeugende Drogen benutzt.

Was heißt hier giftig?

Giftig ist nicht gleich giftig, so viel ist klar. Neben den extrem giftigen Pflanzen wie Tollkirsche, Fingerhut, Seidelbast oder Goldregen gibt es auch weniger giftige, abhängig von den jeweiligen Inhaltsstoffen. So kommt es, dass auch in diesem Buch, das ja von essbaren

Die gelben Blütenfarbstoffe des Löwenzahns zählen als Carotinoide zu den sekundären Pflanzenstoffen. Sie gelten als zellschützend und krebshemmend.

Für die schwarzblaue Färbung der Heidelbeeren sind Anthocyane verantwortlich, sekundäre Pflanzenstoffe, denen man eine krebsvorbeugende Wirkung zuschreibt.

Wildpflanzen handelt, Arten beschrieben sind, die teilweise giftige Substanzen enthalten. (Ein warnender Hinweis samt Erläuterung steht aber immer dabei.) Der Sauerklee und der Sauerampfer sind Beispiele dafür. Deren saurer Geschmack rührt von Oxalsäure her, einer Substanz, die, in größeren Mengen genossen, giftig wirkt. Um allerdings eine wirksame Menge aufzunehmen, müsste man etliche Pfund dieser Kräuter auf einmal essen. Einige Blättchen, als Salatwürze verwendet, richten keinen Schaden an. Und wer sich einen großen Topf Sauerampfer zu einem Spinatgericht verkocht, hat ebenfalls nichts zu befürchten, denn durch das Kochen und Abgießen des Kochwassers wird die wasserlösliche Oxalsäure weitgehend entfernt.

Fuchsbandwurm

Oft wird davor gewarnt, man könne sich beim Verzehr von Wildkräutern und Waldbeeren mit dem Fuchsbandwurm infizieren, einem Parasiten, der durch Fuchsexkremente übertragen wird und beim Menschen verheerende Organschäden hervorrufen kann. Sie können jedoch davon ausgehen, dass das Risiko, sich als Mensch durch Essen von Waldbeeren anzustecken, extrem gering ist. Wer trotzdem Bedenken hat: Durch Kochen des Sammelguts lässt sich die Gefahr gänzlich bannen.

HEILKRÄUTER RICHTIG ANWENDEN

Gegen alles sei ein Kraut gewachsen, sagt der Volksmund. Tatsächlich finden sich auch unter den essbaren Wildpflanzen viele, die gegen die unterschiedlichsten Zipperlein helfen können. Es spricht auch sicherlich nichts dagegen, bei kleineren Beschwerden wie Erkältungen oder Blähungen auf pflanzliche Hilfe zu setzen, um wieder zum Wohlbefinden zurückzufinden. Es sei hier aber ausdrücklich davor gewarnt, bei stärkeren oder anhaltenden Beschwerden zur Selbstmedikation zu greifen, ohne dies mit einem Arzt abzusprechen.

Wildkräuter oder Heilpflanzen

Was ist eine essbare Wildpflanze und was eine Heilpflanze? Wie so oft lässt sich auch in diesem Fall keine scharfe Grenze ziehen und so sind auch diese Begriffe nicht streng zu trennen.

Allgemein ausgedrückt enthalten Heilpflanzen medizinisch wirksame Substanzen in vergleichsweise hoher Konzentration. In den essbaren Wildpflanzen sind derartige Stoffe zwar auch zu finden, aber nicht in so großen Mengen, dass sie eine rasche medizinische Wirkung erzielen könnten. Es gibt Heilpflanzen, die regelrecht pharmazeutisch genutzt werden, wie etwa der Fingerhut, der herzwirksame Alkaloide enthält. Das macht ihn ausgesprochen giftig, würde man seine Blätter einfach roh essen. In der Hand des Arztes können sie dagegen ein Heilmittel sein. Andere Pflanzen werden gleichermaßen in der Naturmedizin genutzt wie als essbare Wildkräuter geschätzt, so zum Beispiel die Wegericharten. Wieder andere dienen uns in erster Linie als leckeres Wildgemüse oder aromatische Würzkräuter und sorgen

Die Blätter des Spitzwegerichs und des Mittleren Wegerichs enthalten Schleim- und Gerbstoffe, die lindernd wirken bei Halsentzündungen und auch Hustenreiz mildern.

Lindenblüten ergeben einen schweißtreibenden Tee, der als klassisches Hausmittel gegen fiebrige Erkältungskrankheiten getrunken wird.

ganz nebenbei mit ihrem reichen Gehalt an Vitaminen und Mineralstoffen für eine Unterstützung der Gesundheit.

Die Menge macht's

Von Paracelsus, einem Arzt des 16. Jahrhunderts, ist der Ausspruch überliefert: »Alle Dinge sind Gift, und nichts ist ohne Gift; allein die Dosis macht, dass ein Ding kein Gift ist.« Eine Aussage, die heute noch jeder Arzt und Apotheker bestätigen kann. Wer also seinen Husten mit Huflattichtee bekämpft oder seine Magenbeschwerden mit Kamillentee, sollte das Maß halten. Die Devise »Viel hilft viel« ist hier keineswegs angebracht. Im Übermaß können etwa die Wirkstoffe der Kamille Magenreizungen hervorrufen – das Gegenteil der beabsichtigten Wirkung also. Halten Sie sich daher bei Anwendungen von Heilpflanzen stets an die empfohlene Dosierung.

Heiltees zubereiten

Einen Heiltee bereitet man zu wie den morgendlichen Kräutertee: Messen Sie einen Teelöffel getrocknetes Kraut pro Tasse ab und gießen Sie den Tee mit heißem Wasser auf. Wenn Sie statt der getrockneten lieber frische Kräuter verwenden, müssen Sie etwa die doppelte Menge davon nehmen. Den Tee dann gut zehn Minuten ziehen lassen – fertig. Nach Geschmack süßen, statt mit Zucker z.B. auch mit Honig oder Mädesüß-Blüten.

WÜRZIGE KRÄUTERKÜCHE

Zarte Blätter, schmackhafte Beeren, duftende Blüten – die Natur bietet unzählige kulinarische Schätze. Viele der Köstlichkeiten lassen sich nicht nur ganz einfach sammeln, sie sind auch schnell zubereitet. Hier nur eine kleine Auswahl der unzähligen Rezepte und Verwendungsmöglichkeiten von Wildkräutern und -früchten.

Der Klassiker: Kräuterbutter

Warum die Kräuterbutter zum Grillsteak, zu Kartoffeln oder zu gedünstetem Gemüse immer im Supermarkt kaufen? Wildkräuter bieten die Möglichkeit, neue Geschmacksvariationen dieses Küchenklassikers auszuprobieren. Borretsch, Sauerampfer und Sauerklee etwa bringen Frische in die Kräuterbutter, Feldthymian und Dost lassen sie mediterran schmecken, Bärlauch oder Knoblauchsrauke (in Kombination mit Schalotten) ergeben eine milde »Knoblauchbutter«.

Die Zubereitung ist denkbar einfach:

Verrühren Sie jeweils 250 g weiche Butter mit 100 g sehr fein gehackten Kräutern und einer guten Prise Salz. Zur Abrundung des Geschmacks können Sie noch einen Spritzer Zitronensaft zufügen, oder Sie schärfen das Ganze nach Gusto mit Pfeffer oder Chili.

Mayonnaise und Senf

Auch eine Mayonnaise selber herzustellen, ist nicht schwer:

Geben Sie 250 ml Öl (vorzugsweise Olivenöl) in ein enges, hohes Gefäß, dazu zwei sehr frische Eigelb, Salz und Pfeffer sowie fein gehackte Kräuter, nach Geschmack auch eine gepresste Knoblauchzehe, einen Spritzer Essig oder etwas Senf. Wichtig: Alle Zutaten müssen Raumtemperatur haben, sonst

Mit ihrem pfeffrig-knoblauchartigen Geschmack können die Blätter der Knoblauchsrauke Salaten, Eierspeisen und anderen Gerichten ein delikates Aroma verleihen.

Bärlauch, Schnittlauch und Knoblauchsrauke – ein grünes Trio, das mit Butter und ein wenig Salz einen Brotaufstrich vom Feinsten ergibt.

gerinnt die Mayonnaise! Verquirlen Sie die Mischung dann mit einem Pürierstab, wobei Sie diesen beim Rühren ganz langsam nach oben ziehen. Dabei dickt die Creme ein.

Eine Eigenproduktion von Senf aus Senfsaat und Essig ist dagegen mit einigem Aufwand verbunden, doch Kräutersenf schmeckt auch gut, wenn Sie einfach handelsüblichen Senf mit frischen Kräutern verrühren. Nehmen Sie dazu aber möglichst milden Senf, damit dessen Schärfe die Kräuteraromen nicht überlagert.

Aroma in Essig und Öl

Kräuteressige und Kräuteröle kennt man vorwiegend mit mediterranen Kräutern wie Estragon oder Lavendel. Aber auch mit Zitronenmelisse oder Kapuzinerkresse lässt sich Essig gut aromatisieren, und Brunnenkresse, Sellerie oder Bärlauch geben Öl eine delikate Note. Nehmen Sie einen guten Essig, stecken Sie einige trockene, saubere Kräuterstängel hinein und lassen Sie das Ganze an einem abgedunkelten Ort ziehen. Analog dazu verfahren Sie beim Ansetzen von Kräuterölen. Geschmacklich neutrale Öle wie Rapsöl oder Sonnenblumenöl tragen später das Kräuteraroma nahezu unverfälscht, Olivenöl fügt ihm seine eigene charakteristische Note hinzu. Experimentieren Sie ruhig mit ungewöhnlichen Kombinationen. Auch Beeren können Essig aufs Leckerste aromatisieren, Himbeeressig zum Beispiel passt hervorragend zu Blattsalaten. Die selbst angesetzten Essige und Öle sollten Sie allerdings nicht allzu lange aufbewahren. Verbrauchen Sie sie innerhalb eines halben Jahres.

Flüssige Schätze aus der Natur

Nicht nur Essbares liefern uns die Wildpflanzen, auch vielerlei flüssige Köstlichkeiten kann man daraus herstellen. Zum Beispiel lässt sich aus den saftigen Beeren des Spätsommers und Herbstes leckerer Fruchtsaft auspressen. Am besten funktioniert das mit einem Dampfentsafter, wie er in Haushaltsgeschäften erhältlich ist. Da sich die Früchte dabei, ähnlich wie in einem Schnellkochtopf, bei Überdruck in heißem Dampf befinden, wird der Saft auch gleich keimfrei gemacht. In sterilisierte Flaschen gefüllt und anschließend kühl gestellt, bleibt er wochenlang haltbar. Ergiebige Saftfrüchte sind zum Beispiel Johannisbeeren oder Himbeeren sowie die Früchte von Felsenbirne und Holunder. Auch die zum Rohverzehr allzu harten Holzäpfel und Holzbirnen liefern leckeren Saft.

Fruchtsirup

Bei den bunten Sirupen geben sich die Fruchtaromen zuckersüß. Der hohe Zuckergehalt dient als Konservierungsmittel und macht die Fruchtsirupe monatelang haltbar. Am einfachsten stellen Sie einen solchen Sirup folgendermaßen her:

In einem Topf 1 l Fruchtsaft erhitzen und darin nach und nach 1,3 kg Zucker unter stetem Rühren auflösen. In saubere Flaschen füllen,

Um eine Waldmeisterbowle zu bereiten, sollten Sie das Kraut noch vor der Blüte ernten. In der Blütezeit steigt nämlich der Gehalt an giftigem Cumarin in der Pflanze stark an.

verschließen und für kurze Zeit umlegen, damit der Deckel sterilisiert wird. Abkühlen lassen, dann kühl und dunkel aufbewahren. Um Fruchtsirup auf diese Art herzustellen, eignen sich sämtliche Beerensäfte, Apfelsaft hingegen enthält zu viel Pektin, das beim Abkühlen in der Flasche gelieren könnte. Selbstgemachter Sirup, mit Mineralwasser verdünnt, ist eine fruchtige »Limonade«, außerdem schmeckt der Sirup als Dessertsauce oder zum Aromatisieren von Gebäck.

Gut gekühlt schmecken Bowlen und Sirup-Getränke aus gesammelten Kräutern. Auch Eistee lässt sich auf diese Weise selbst herstellen.

Blüten- und Kräutersirup

Doch nicht nur Frucht-, ebenso Blütenaroma lässt sich in einem Sirup einfangen. Der Klassiker sind Holunderblüten, aber auch Traubenkirschenblüten und Minzezweige eignen sich gut. Und so geht's:

Etwa 1 kg Holunderblütendolden pflücken und reinigen. 2 l Wasser aufkochen, 1 kg Zucker darin auflösen, Saft von 2-3 Zitronen zufügen und das Ganze über die Holunderblüten gießen. Den Ansatz 2-3 Tage stehen lassen, dann durch ein Tuch filtern. Durch nochmaliges Kochen etwas eindicken. Zuletzt in saubere Flaschen abfüllen. Mit kaltem Mineralwasser oder, noch besser, mit Sekt aufgegossen, ergibt der Sirup ein erfrischendes Sommergetränk.

Liköre

Wer es noch alkoholischer mag, setzt mit seiner Beeren- oder Kräuterernte Liköre an. Hierbei sind Ihrer geschmacklichen Experimentierfreude keine Grenzen gesetzt:

Die gewaschenen Beeren bzw. Kräuter mit einem klaren, möglichst geschmacksneutralen Schnaps (z.B. Korn oder Wodka) und Wasser oder Fruchtsaft ansetzen (Mengenverhältnis je nach gewünschtem Alkoholgehalt), nach Belieben zuckern, in Flaschen füllen und 4–6 Wochen in der Sonne stehen lassen. Schließlich abfiltern – und dann Geduld beweisen. Denn am besten schmecken solche Liköre, wenn Sie sie mindestens ein, besser zwei Jahre Zeit reifen lassen.

Eine überaus dekorative Art, Ihre Getränke zu kühlen: Frieren Sie die blauen Blütensterne von Borretsch in den Eiswürfeln ein.

Blüten auf dem Teller

Wer glaubt, essbare Wildpflanzen würden nur »Grünzeug« liefern, der irrt sich. Viele Blüten sind nicht nur essbar, sondern schmecken zudem noch gut. Je größer und bunter die Blüten sind, die Sie als Tellerdekoration oder sogar als Bestandteil des Gerichts auf den Tisch bringen, desto besser. Denn Sie wissen ja: »Das Auge isst mit.«

Frisch und sauber Da die zarten Blütenblätter viel rascher welken als grüne Pflanzenteile, müssen Blüten, die auf den Tisch kommen sollen, so kurzfristig wie nur möglich vor der Verwendung geerntet werden, am besten unmittelbar davor. Denken Sie daran, dass sich auch Blattläuse gern über die Blumen hermachen und winzige Käfer oft die Blüten besuchen, um Pollen zu naschen. Kontrollieren Sie die Blüten entsprechend auf Schädlinge. Waschen sollten Sie sie allerdings nicht, sonst fallen sie zusammen und werden unansehnlich.

Vielseitige Blütenpracht In kulinarischer Hinsicht sind Blüten ein vielseitiger Farbtupfer in verschiedenster Form. Im Folgenden nur einige Anregungen:

- In Obstsalat, auf Pudding oder auf ein Sahnehäubchen passen Veilchenblüten ebenso wie die Blüten von Malve, Taubnessel, Weidenröschen, Rotklee, Gänseblümchen und Wiesenschaumkraut oder einzelne Blütenblätter von Heckenrose und Nachtkerze.

- In Bierteig ausgebacken werden nicht nur die Blütenstände von Holunder, sondern auch von Mädesüß zu knusprigen Köstlichkeiten.

■ Zu deftigen Speisen machen sich eher würzig schmeckende Blüten gut, zum Beispiel diejenigen von Schnittlauch, Bärlauch, Borretsch, Knoblauchsrauke, Brunnenkresse, Kapuzinerkresse oder Ackersenf.

Falsche Kapern

Eine Reihe von Blütenpflanzen bringen nicht nur wohlschmeckende, sondern auch dicke Knospen hervor, die man als Kapernersatz verwenden kann. Die Zubereitung ist nicht schwer:

Salzen Sie die Knospen zunächst gründlich ein. Dazu legen Sie die gewaschenen und abgetupften, aber noch feuchten Knospen schichtweise in ein hohes Schraubglas geben Sie jeweils eine Schicht Salz darüber. Das Ganze lassen Sie eine gute Woche lang im Kühlschrank ruhen. Danach brausen Sie die Knospen kurz ab, füllen Sie in ein neues Glas und übergießen Sie darin mit heißem Essig. Nach Geschmack können Sie den Essig noch mit Senf oder anderen Gewürzen abrunden.
Lassen Sie den Ansatz nun eine weitere Woche durchziehen, diesmal aber bei Raumtemperatur. Die fertigen »Kapern« sollten Sie nach dem Öffnen im Kühlschrank aufbewahren und bald verbrauchen.
Gut eignen sich für diese selbstgemachten »Kapern« zum Beispiel die Knospen von Kapuzinerkresse, Bärlauch, Gänseblümchen oder Löwenzahn.

Essbare Blüten auf dem Butterbrot regen nicht nur den Appetit an, sie sind auch gesund und schmecken obendrein noch gut.

Wer das Aroma des Wiesenkerbels über die Sommermonate hinaus genießen möchte, kann sich durch Trocknen einen Vorrat anlegen.

KRÄUTER UND BEEREN HALTBAR MACHEN

Zweifellos schmeckt alles frisch am besten. Doch dann ist der Genuss mit dem Ende der Erntezeit auch schon wieder vorbei. Gut, dass es eine Reihe von Methoden gibt, wie man die Schätze der Natur so aufbewahren kann, dass ihr Aroma erhalten bleibt.

Kräuter trocknen

Eine Reihe von Kräutern lässt sich ohne allzu großen Aromaverlust trocknen, etwa Pfefferminze und Kamille für Kräutertees oder Majoran, Feldthymian, Wiesenkerbel und Selleriegrün als Gewürzkräuter.

Denken Sie aber nicht erst am Ende des Sommers ans Trocknen, weil die Pflanzen dann schon zunehmend an Aroma einbüßen. Am meisten Inhaltsstoffe enthalten sie jeweils zu Beginn ihrer »Saison«.

Ernten Verwenden Sie keinesfalls Kräuter, die bereits angewelkt sind, in der Meinung »Ich will sie ja sowieso trocknen«. Nur Pflanzen, die »voll im Saft« stehen, verfügen über ihr volles Aroma.

Trocknen als Sträußchen Sofern Sie ganze Pflanzenstängel und nicht einzelne Blätter ernten, können Sie diese zu dünnen Sträußchen zusammenbinden und zum Trocknen kopfüber an einem luftigen Ort im Schatten aufhängen. In direkter Sonne würden viele der aromatischen Inhaltsstoffe, aber auch das Blattgrün zerstört und die Kräuter unschön braun werden. Als Bindematerial für den Strauß eignet sich ein Gummiband besser als etwa Zwirn, denn die Stängel schrumpfen beim Trocknen und könnten dann leicht aus dem Bündel herausrutschen.

Trocknen im Backofen Am besten eignet sich dazu ein Heißluftofen, der sich auch auf sehr niedrige Temperaturen einstellen lässt. Legen Sie die Kräuter auf die Ofenroste und schalten Sie den Ofen auf lediglich 35 – 40 °C. Damit die aus den Pflanzen austretende Feuchtigkeit entweichen kann, lassen Sie die Ofenklappe einen Spaltbreit geöffnet. Die Trocknung ist abgeschlossen, wenn die Kräuter »rascheltrocken« sind, das heißt, wenn sie sich nicht mehr biegen lassen, sondern sogleich zerbröseln.

Wurzeln trocknen Auch Kräuterwurzeln lassen sich, gut gereinigt und in Stücke geschnitten, im Backofen trocknen, es dauert allerdings ziemlich lange. Immerhin kann der Gewichtsverlust der Wurzeln dabei bis zu 90 Prozent betragen. Durchmischen und wenden Sie das Material während des Trocknens häufig.

Aufbewahren Getrocknete Kräuter sollten Sie in einem luftdicht verschließbaren Gefäß aufbewahren, das entweder in einem dunklen Raum steht oder selbst lichtundurchlässig ist. Starke Lichteinstrahlung kann die wertvollen Inhaltsstoffe der Pflanzen zerstören.

Wählen Sie einen luftigen Ort im Schatten, um Kräuterbüschel wie diesen Thymian zum Trocknen aufzuhängen. Direkte Sonne würde die aromatischen Inhaltsstoffe sehr schnell zerstören.

Der Weiße Gänsefuß, der oft in Massen wächst, eignet sich bestens, um einen Vorrat an Blattgemüse anzulegen. Einfach blanchieren oder zu Spinat kochen und einfrieren!

Kräuter einfrieren

Kräuter ebenso wie Beeren lassen sich auch durch Frosten haltbar machen. Am besten geht es folgendermaßen: Die Kräuter hacken, die Beeren verlesen und reinigen, sodann auf einem mit Pergament- oder Backpapier ausgelegten Backblech verteilen. Das Ganze in die Gefriertruhe oder den Gefrierschrank stellen und das Gerät auf »schnellgefrieren« schalten. Die gefrostete Ware schließlich in Gefrierdosen umfüllen. So bleiben die Kräuter und Beeren lose und portionierfähig.

Als Eiswürfel Vor allem Kräutermischungen, die man für Suppen, Saucen oder Salatdressings verwenden möchte, kann man auch prima mit einem Eiswürfelbereiter portionieren. Hacken und vermischen Sie dazu die Kräuter und füllen Sie sie dann mit etwas Wasser in einen Eiswürfelbereiter, den Sie ins Gefrierfach stellen. Beim Kochen brauchen Sie die Kräuterwürfel dann nur noch in Suppe oder Sauce schmelzen lassen.

Als Gemüse Wer die Fülle des Frühjahrs und Sommers nützen möchte, um sich einen Vorrat an wertvollem Blattgemüse für die kalten Monate anzulegen, kann die Blätter von Sauerampfer, Brennnessel, Wiesenknöterich, Weißem Gänsefuß oder Kohlkratzdistel in größerer Menge ernten und wie Spinat einfrieren. Auch das zarte Frühjahrsgrün der Ährigen Teufelskralle und des Giersches eignen sich gut dazu, ebenso die im Frühjahr noch weichen Linden- oder Himbeerblätter. Wie beim Kulturspinat sollten Sie das Erntegut aber unbedingt blanchieren, bevor es in den Gefrierschrank wandert: *Bringen Sie Wasser in einem großen Topf zum Kochen und stellen Sie eine Schüssel mit Eiswasser bereit. Geben Sie die geputzten Kräuter nun portionsweise ins kochende Wasser, fischen Sie sie mit einer Schaumkelle nach etwa 1 Minute wieder heraus und legen Sie sie kurz ins Eiswasser. Dann gut abtropfen lassen und einfrieren.*

Selbstverständlich können Sie auch fertiges Spinatgemüse zubereiten, sei es püriert, sei es mit ganzen Blättern, und es als solches portionsweise einfrieren.

Marmelade, Gelees und Kompott

Was unsere Urgroßmütter schon anwandten, ist heute so aktuell wie eh und je: die Früchte des Sommers haltbar zu machen, indem man sie zu süßen und leckeren Kompotten und Marmeladen verarbeitet oder ihren ausgepressten Saft zu Gelee kocht. Durch den Kochvorgang werden in den Speisen vorhandene Keime abgetötet, und ein hoher Zuckergehalt sorgt dafür, dass sich keine neuen entwickeln können. Dabei können Sie ihrer Fantasie ruhig freien Lauf lassen und durchaus auch unterschiedliche Fruchtkompositionen testen. Neben der beliebten klassischen Erdbeermarmelade gibt es eine unendliche Vielzahl an wohlschmeckenden Früchten, die sich meist auch gut kombinieren lassen. Ganz nach eigenem Geschmack findet jeder seine Lieblingsmarmelade. Nebenbei ist selbstgemachte Konfitüre immer auch ein beliebtes Gastgeschenk.

Zu Konfitüre gekocht ergeben die sehr Vitamin-C-reichen Früchte der Eberesche einen leckeren und gesunden Brotaufstrich.

Rote Blütenfarbe

Heidelbeere

Vaccinium myrtillus

Frische Heidelbeeren sind wahrlich ein Hochgenuss. Allerdings färben die Blaubeeren, wie sie auch oft genannt werden, Zunge und Zähne unschön blau. Das liegt an ihrem hohen Gehalt des Pflanzenfarbstoffes Anthocyan, der das Fruchtfleisch sowie den Saft der Beeren blau färbt. Die etwas größeren Kulturheidelbeeren wurden übrigens aus der Amerikanischen Heidelbeere (Vaccinium corymbosum) *gezüchtet, die den blauen Farbstoff nur in der Schale trägt, daher ein helles Fruchtfleisch hat und die Zunge nicht blau färbt.*

VORKOMMEN in lichten Nadel- und Mischwäldern, Moor- und Heidegebieten, im Gebirge auf kalkfreien Böden

GRÖSSE bis 50 cm hoher Zwergstrauch

Die Reste der Kelchblätter bilden auf der Beere ein apartes »Krönchen«.

SAMMELGUT die reifen, dunkelblauen Beeren

VERWENDUNG Die vitamin- und mineralstoffreichen Beeren schmecken nicht nur roh oder als Kuchenbelag, sondern auch in Form von Marmelade, Saft, Kompott und anderen Süßspeisen. Getrocknet nutzt man sie als Bestandteil von Teemischungen.

BLÜTEZEIT/FRUCHTZEIT

J	F	M	A	M	J	J	A	S	O	N	D

Typisch

Die Zweige sind nur im älteren Teil verholzt, die jüngeren Triebe sind grün und kantig oder sogar schmal geflügelt.

Rauschbeere

Vaccinium uliginosum

Von Beerenschnaps einen Rausch zu bekommen, nun ja, das kennt man. Aber von frisch verzehrten Beeren? Tatsächlich wird von der Rauschbeere berichtet, dass sie, in größeren Mengen verspeist, gelegentlich Schwindel und rauschartige Zustände hervorrufen kann. Wissenschaftler führen dies jedoch auf die Giftstoffe eines mikroskopisch kleinen Pilzes zurück, der oft als Schmarotzer auf den Beeren sitzt. Der Name Rauschbeere leitet sich übrigens vom lateinischen Wort »ruscus« für Dickicht, Gestrüpp her, das die stark verzweigten Sträucher bilden.

Die rosafarbenen Blüten hängen als Glöckchen aus den Achseln der Blätter.

VORKOMMEN in Hochmooren und Waldmooren (weshalb die Rauschbeere auch oft Moorbeere genannt wird), auf durchfeuchteten, sauren Böden; im Gebirge bis in 3000 m Höhe

GRÖSSE bis 75 cm hoher Zwergstrauch

SAMMELGUT reife Beeren

VERWENDUNG Die blauschwarzen Beeren ähneln den Heidelbeeren, schmecken aber weniger aromatisch. Im Grunde kann man sie wie Heidelbeeren verwenden – mit Geschmacksabstrichen und tunlichst in kleineren Mengen (siehe links). Aus getrockneten Beeren lässt sich Tee bereiten.

Typisch

Die Zweige der Rauschbeere verholzen zur Gänze und sind nicht kantig, wie die der Heidelbeere, sondern rund. Fruchtfleisch und Saft der leicht birnenförmigen Beeren sind hell.

BLÜTEZEIT/FRUCHTZEIT

J	F	M	A	M	J	J	A	S	O	N	D

Typisch

Blätter und Stängel sind dicht mit steifen Härchen überzogen, sodass sich die ganze Pflanze rau anfühlt.

BLÜTEZEIT

J	F	M	A	M	J	J	A	S	O	N	D

Beinwell

Symphytum officinale

Der Beinwell mag sich nicht für eine Blütenfarbe entscheiden. Mal rot, mal purpurviolett oder blau kommen seine Blüten daher, sogar gelb oder weiß können sie sein. Die großblättrige Staude ist in der Küche ebenso geschätzt wie als Heilkraut. Sie enthält die Substanz Allantoin, die nachweislich die Zellbildung stimuliert. Seit alters wurde Beinwell bei Knochenbrüchen, Prellungen, Verstauchungen und anderen Verletzungen eingesetzt. Daher auch sein Name: »der die Gebeine überwallt«, also Knochen und Wunden verheilen lässt.

VORKOMMEN auf nassen Wiesen, in Auwäldern, an Bachufern und Wiesengräben; in fast ganz Europa

GRÖSSE 30 – 100 cm

SAMMELGUT Blätter, junge Stängel und Triebspitzen, Blüten

VERWENDUNG Die Blätter gehackt als Würzkraut mit Borretsch-Aroma, in Salat oder als Spinat; junge Stängel in Salaten oder als Gemüse; Blüten zur Speisendekoration. Weil der Beinwell bestimmte Alkaloide enthält, die in Verdacht geraten sind, in größerer Dosierung möglicherweise leberschädigend zu sein, sollte er vorsichtshalber nur in kleineren Mengen verzehrt werden.

ACHTUNG! Die Blätter des stark giftigen Roten Fingerhuts *(Digitalis purpurea)* sehen denen des Beinwells ähnlich. Im Frühjahr, also vor der Blütezeit, besteht Verwechslungsgefahr.

Schmalblättriges Weidenröschen

Epilobium angustifolium

Weil sich die auch als Wald-Weidenröschen bekannte Staude mithilfe ihrer flugfähigen Samen leicht mit dem Wind verbreitet, besiedelt sie oft als Erste Kahlschläge im Wald, aber auch Waldbrandflächen. Das brachte ihr den volkstümlichen Namen Feuerkraut ein. Auch die englische Bezeichnung »fireweed« bezieht sich auf diese Pioniereigenschaft.

VORKOMMEN auf Waldlichtungen und Ödland, an Bahn- und Straßenböschungen sowie Ufern, oft in großen Beständen

GRÖSSE 50 – 150 cm hohe Staude

SAMMELGUT junge Blätter und Triebspitzen, Stängel, Blüten, Wurzeln

VERWENDUNG Junge Blätter, die im Geschmack an Feldsalat erinnern, machen sich gut in Salaten oder Kräutermischungen, die Blüten stellen hübsche Speisendekorationen dar, junge Stängel kann man (geschält) roh essen oder als Gemüse kochen. Auch die leicht scharf schmeckenden Wurzeln ergeben ein delikates Gemüse.

BLÜTEZEIT/FRUCHTZEIT

J	F	M	A	M	J	J	A	S	O	N	D

Die vier schmalen Kelchblätter sind nicht grün, sondern ebenso gefärbt wie die breiteren Kronblätter.

Typisch

Die langen Blütenkerzen blühen von unten nach oben auf. Während sich unten schon die ersten Fruchtschoten bilden, warten oben noch Knospen auf ihr Öffnen.

Typisch

Die Blüten stehen zu mehreren in den Blattachseln. Das fällt jedoch kaum auf, da häufig jeweils nur eine Blüte aufgeblüht ist.

Wilde Malve

Malva sylvestris

Die Wilde Malve ist, man glaubt es kaum, eine unserer ältesten bekannten Nutzpflanzen. Schon die alten Griechen kultivierten sie als Heil- und Gemüsepflanze. Ihr volkstümlicher Name Große Käsepappel bezieht sich auf ihre Früchte. Zum einen sehen diese wie Miniatur-Käselaibe aus, zum andern wurden sie früher zu einem nahrhaften Brei (»Papp«) verkocht.

VORKOMMEN an Wegrändern, Zäunen, Heckensäumen, auf Ödland und Schuttplätzen

GRÖSSE 30 – 130 cm hohe Staude mit oft zum großen Teil liegenden Stängeln

SAMMELGUT Blätter und Blüten, unreife, weiche Früchte, Wurzel

VERWENDUNG Die jungen, noch hellgrünen, weichen Blätter kann man roh kleingeschnitten Salaten zugeben, gekocht ergänzen sie Mischgemüse und Suppen. Die Blüten geben eine attraktive Dekoration von Desserts oder Salaten ab und färben Tee rot. Blätter wie Blüten und ebenso die Wurzel wirken beim Kochen aufgrund ihres Schleimstoffgehalts andickend, als Tee helfen sie gegen Entzündungen des Mund- und Rachenraums sowie bei Reizhusten. Die unreifen Samen lassen sich roh knabbern, sie schmecken nach einer Mischung aus Nuss und Kohl.

Die fünf zarten Blütenblätter müssen sich erst aus ihrer engen Knospe herauswinden, ehe sie sich entfalten können.

BLÜTEZEIT/FRUCHTZEIT

J	F	M	A	M	J	J	A	S	O	N	D

Heckenrose

Rosa canina

Typisch

Die dicken Stacheln an den Heckenrosenzweigen sind stark nach hinten gekrümmt.

Hagebutten liefern den Vögeln auch noch im Winter Nahrung.

Die Früchte verdanken ihr Rot dem Farbstoff Lycopin, der auch Tomaten färbt.

Keine Rose ohne Dornen? Falsch! Im botanischen Sinn tragen Rosen überhaupt keine Dornen, sondern Stacheln. Diese lassen sich im Gegensatz zu Dornen leicht vom Zweig abbrechen und hinterlassen auf dessen Rinde eine glatte Narbe.
Die Früchte der Hecken- oder Hundsrose sind die bekannten Hagebutten. Sie entwickeln sich aus der Blüte, indem sich nach dem Verblühen der Blütenboden zu einem Becher aufwölbt und die Samenanlagen umschließt. Schließlich wird er fleischig und knallrot.

VORKOMMEN an Wegrändern, in Gebüschen und Feldgehölzen, an Waldrändern; in Mitteleuropa die häufigste wild vorkommende Rose

GRÖSSE bis zu 3 m hoher Strauch

SAMMELGUT Blütenblätter, Früchte (Hagebutten)

VERWENDUNG Die Heckenrose schenkt uns Duft und Gesundheit. Die duftenden Blüten lassen sich nicht nur als essbare Dekoration verwenden, sie liefern auch Aroma für Gelees, Essig oder Tee. Die Hagebutten hingegen zeichnen sich durch einen enorm hohen Vitamin-C-Gehalt aus. Sie werden gern zu Fruchtaufstrichen verarbeitet oder getrocknet Teemischungen beigefügt.

BLÜTEZEIT/FRUCHTZEIT

J	F	M	A	M	J	J	A	S	O	N	D

Großer Wiesenknopf

Sanguisorba officinalis

Woher der Wiesenknopf seinen Namen hat, ist unschwer zu erraten, wenn man ihn sieht: Er wächst auf der Wiese und seine Blütenstände bilden eiförmige »Knöpfchen«. Früher verwendete man ihn gern als Heilpflanze gegen Blutungen, denn seine dunkelrote Blütenfarbe erinnerte an getrocknetes Blut. Tatsächlich wirkt er aufgrund der enthaltenen Gerbstoffe blutstillend und entzündungshemmend.

VORKOMMEN in feuchten, nährstoffreichen Wiesen und Weiden, in Flachmooren und entlang von Gräben

GRÖSSE 30 – 120 cm hohe Staude

SAMMELGUT Blätter und Triebspitzen, Wurzeln

VERWENDUNG Die Blättchen, die ein zartes Gurkenaroma haben, kann man roh in Salaten essen oder gegart in Suppen und Gemüsegerichten. Getrocknet dienen sie als Bestandteile von Kräutertees. Die geschälten, herb schmeckenden Wurzeln lassen sich über Salate raspeln oder zu Gemüse kochen.

BLÜTEZEIT

J	F	M	A	M	J	J	A	S	O	N	D

Was meist einfach »Blüten« genannt wird, sind in Wirklichkeit Blütenstände, in denen unzählige winzige, dunkelrote Blüten dicht an dicht beieinanderstehen.

Typisch

Die großen Blätter sind aus bis zu acht Paaren ovaler Teilblättchen und einem gleich großen Endblatt zusammengesetzt.

Typisch

Die Blätter sind pfeilförmig mit nach unten gerichteten Zipfeln.

Wiesensauerampfer

Rumex acetosa

Sauerampfer ist ein klassisches Wildgemüse und Würzkraut, das in vielen alten Kochbüchern zu finden ist. Heute erlebt er in der Küche eine Renaissance ähnlich dem Bärlauch. Doch noch mehr Spaß als bloßes Einkaufen macht es zweifellos, den Wiesen- oder Großen Sauerampfer in der Natur zu sammeln.

VORKOMMEN auf feuchten, nährstoffreichen Mähwiesen, Weiden und Ödland, an Bachufern, Wegrändern und feuchten Waldrändern; ziemlich häufig

GRÖSSE 30 – 100 cm hohe Staude

SAMMELGUT junge, noch zarte Blätter vor der Blütezeit, auch Triebspitzen mit noch knospigen Blütenständen

VERWENDUNG Die säuerlich schmeckenden Blätter werden klein geschnitten Salaten oder Suppen zugefügt und verleihen ihnen eine frische Note. Man kann sie auch wie Spinat verwenden. Außerdem ist Sauerampfer ein obligatorischer Bestandteil der bekannten Frankfurter Grünen Soße. Die Triebspitzen und Knospen können mit verschiedenstem Gemüse gegart werden.

ACHTUNG! Der saure Geschmack des Ampfers rührt von Oxalsäure her, die, in größeren Mengen genossen, giftig ist. Jedoch ist nicht mehr davon enthalten als etwa in Rhabarber. Da Oxalsäure wasserlöslich ist, kann man sie durch Abkochen und Abgießen des Kochwassers weitgehend entfernen. Wer Sauerampfer nicht in üppigen Mengen verzehrt, ist auf der sicheren Seite. Schwangere und nierenkranke Personen sollten allerdings vorsichtshalber auf (rohen) Sauerampfer ganz verzichten.

BLÜTEZEIT

J	F	M	A	M	J	J	A	S	O	N	D

Wiesenknöterich

Polygonum bistorta

Dass die aparte Blütenstaude auch Schlangenknöterich genannt wird, verdankt sie ihrem vielfach gekrümmten und gewundenen Wurzelstock. Dieser kriecht im Boden weit dahin und sorgt durch Ausläuferbildung dafür, dass der Wiesenknöterich oft in Massen auftritt. In früheren Jahrhunderten wusste man aus ihm ein »Notbrot« zu bereiten. Nach mageren Ernten wurde sein stärkereicher Wurzelstock geschält, getrocknet und zu Mehl vermahlen, mit dem man das Getreidemehl streckte.

VORKOMMEN auf feuchten Wiesen, in Auwäldern, an Bach- und Grabenrändern; fast nur im Bergland

GRÖSSE Stauden mit 50 – 100 cm hoch aufragenden Blütenständen

SAMMELGUT Blätter, Wurzel

VERWENDUNG Die großen Blätter lassen sich gut zu einem Spinatgemüse verkochen, das auch im Geschmack dem Blattspinat ähnelt. Der dicke Wurzelstock, den man im Herbst und Winter ausgräbt, ergibt ein stärkereiches Kochgemüse oder einen schmackhaften Auflauf. Vor der Zubereitung aber sollte er, gereinigt, in Scheiben geschnitten und einige Stunden gewässert werden, um seine reichlichen Bitterstoffe auszuschwemmen.

BLÜTEZEIT

J	F	M	A	M	J	J	A	S	O	N	D

Typisch

Die walzenförmigen Blütenstände schweben auf dünnen Stängeln hoch über den bis zu 20 cm großen Blättern.

Typisch

Die zahlreichen, schmalen Hüllblätter des Blütenstands laufen alle in einen Stachel aus, der an der Spitze hakig gekrümmt ist.

Große Klette

Arctium lappa

1951 kam es zu einer Revolution in Sachen textiler Befestigungen: In der Schweiz wurde der Klettverschluss zum Patent angemeldet. Dabei beherrschte die Große Klette die raffinierte Technik schon seit Jahrhunderttausenden. Indem sie ihre Fruchtstände mit unzähligen Widerhaken ausstattet, sorgt sie für deren Verbreitung. Die hakigen »Igelchen« bleiben am Fell vorbeistreifender Tiere oder an der Kleidung von Menschen hängen und werden einfach fortgetragen.

VORKOMMEN auf Ödland und Flussschottern, an Wegrändern und Bahndämmen; auf eher feuchten, nährstoffreichen Böden

GRÖSSE 60 – 180 cm hohe Pflanze

SAMMELGUT junge Blätter, Blattstiele und Stängel, Wurzel

VERWENDUNG Die jungen Blätter und Triebspitzen (alte Blätter schmecken bitter) lassen sich gehackt als Bestandteil von Gemüsen und Salaten nutzen, junge Blatt- und Blütenstängel schmecken wie eine Art Spargelgemüse. Wer im Herbst und Winter die großen, dann noch nicht verholzten Wurzeln ausgräbt, kann sie ähnlich Schwarzwurzeln als Gemüse kochen.

BLÜTEZEIT/FRUCHTZEIT

J	F	M	A	M	J	J	A	S	O	N	D

Rotklee

Trifolium pratense

Weil der Rot- oder Wiesenklee eine gute, eiweißreiche Futterpflanze für das Vieh ist, wird er seit Jahrhunderten auf Feldern angebaut. Zudem tragen seine Wurzeln kleine Knöllchen, in denen Bakterien sitzen. Diese binden den Stickstoff der Luft und bringen ihn so in den Boden – eine natürliche Stickstoffdüngung, die nachfolgenden Feldfrüchten zugutekommt. Ein zwar winziger, aber süßer Nektartropfen lässt sich von unten aus jeder Kleeblüte heraussaugen. Für die Bienen befindet sich dieser Nektar leider zu tief unten in der Blütenröhre, nur Hummeln mit ihrem längeren Rüssel können ihn erreichen.

BLÜTEZEIT

J	F	M	A	M	J	J	A	S	O	N	D

VORKOMMEN in Wiesen, an Weg- und Waldrändern; besonders häufig

GRÖSSE 15 – 50 cm hohe Staude

SAMMELGUT im Frühjahr und Frühsommer die Blätter, außerdem die Blüten

VERWENDUNG Die Blätter des Rotklees, die im Geschmack entfernt an Erbsen erinnern, können in Frühlingssuppen, Gemüsen, Salaten und Kräuterquark verwendet werden. Die süßlich schmeckenden Blüten machen sich ausgesprochen dekorativ, wenn man sie als essbare Dekoration über Salate oder Gemüse streut.

Die rosa bis purpurrot gefärbten Einzelblüten setzen sich zu einem 2–3 cm großen, kugeligen Köpfchen zusammen.

Typisch

Eine helle, V-förmige Zeichnung ziert jedes Teilblättchen des Rotklees.

Feldtymian

Thymus pulegioides

Thymian kennen die meisten heute eher als Gewürz der mediterranen Küche. Dabei gehört er in Form des heimischen Feldthymians, auch Quendel genannt, ebenso in die deftige mitteleuropäische Traditionsküche, denn seine Inhaltsstoffe unterstützen die Verdauung fetter Speisen. In alten Zeiten war er zudem ein hochgeschätztes Heilkraut, im Mittelalter galt er sogar als magisches Mittel gegen Schlangenbisse.

VORKOMMEN in Trockenrasen, an Wegrändern, auf trockenen Böschungen und Felshängen; auf sandig-steinigen Lehmböden in voller Sonne

GRÖSSE nur 5 – 20 cm hoher, kriechender Halbstrauch

SAMMELGUT Blätter (am besten vor der Blüte geerntet), Triebspitzen und Blüten

Die Blütenstände am Stängelende wachsen in dichten Köpfchen.

Von oben erkennt man deutlich die kreuzgegenständige Blattanordnung.

VERWENDUNG Die stark aromatischen, zarten Blättchen kann man ebenso verwenden wie den Gartenthymian, also frisch oder getrocknet als Würze für Braten und Grillgut aller Art, zu deftigem Gemüse und Eintöpfen sowie zu mediterranen Gerichten. Auch Essig und Öl lassen sich damit gut aromatisieren. Die nicht ganz so stark duftenden Blüten geben eine hübsche Speisendekoration ab. Als Heilpflanze wirkt der Feldthymian gegen Husten und Erkältungskrankheiten sowie bei Magen- und Darmstörungen.

BLÜTEZEIT

J	F	M	A	M	J	J	A	S	O	N	D

Typisch

Der vor allem im Bereich der Blütenstände deutlich vierkantige Stängel trägt auf den Kanten eine dichte Behaarung.

Oregano

Origanum vulgare

Ursprünglich war der Gewöhnliche oder Wilde Dost im Mittelmeerraum beheimatet und noch heute ist er das Gewürz der mediterranen Küche. In Italien nennt man ihn Oregano, und unter diesem Namen findet er sich auch bei uns im Gewürzregal sowie in vielerlei Sorten im Gartencenter. Die robuste Pflanze wächst heute in fast ganz Europa, ein trockenes Sonnenplätzchen vorausgesetzt.

VORKOMMEN an trockenen, sonnigen Waldrändern und entlang von Hecken, an Sonnenhängen, auf Trocken- und Magerrasen und an Wegrändern

GRÖSSE bis 50 cm hohe, krautige Pflanze

SAMMELGUT Blätter und blühende Triebspitzen

VERWENDUNG Frisch oder getrocknet verleiht der Oregano den Speisen ein mediterranes Aroma, sei es auf Pizza, in Gemüsen oder Salatsaucen. Die ausgewachsenen Blätter sind allerdings weniger aromatisch als die Triebspitzen mit den Blütenständen.

BLÜTEZEIT

J	F	M	A	M	J	J	A	S	O	N	D

Der Stängel und kleinen Tragblätter im Bereich des dichten Blütenstands sind meist rot oder zumindest rötlich überlaufen.

Typisch

Zerreibt man die oberen Blätter und Blütenstände des Dosts zwischen den Fingern, entströmt ihnen ein starker Duft, der jedermann sofort an die italienische Küche denken lässt.

BLÜTEZEIT
J F M A M J J A S O N D

Rote Taubnessel

Lamium purpureum

Wer hat als Kind nicht gerne die Blüten der Taubnesseln abgezupft, um aus ihnen das enthaltene Tröpfchen Nektar herauszusaugen? Auch die Bienen sind auf den süßen Saft scharf – was die Pflanze auszunutzen versteht. Sobald das schwere Insekt auf der Unterlippe einer Blüte landet, löst es einen Hebelmechanismus aus, durch den das Insekt von oben mit Blütenstaub beladen wird. Beim Weiterflug trägt es diesen dann zur nächsten Blüte, die so bestäubt wird.

VORKOMMEN in Äckern und Gärten, auf stickstoffreichen Brachflächen, in Gärten und entlang von Wegen; Kulturfolger

GRÖSSE 15 – 30 cm hohe krautige Pflanze

SAMMELGUT junge Blätter; einzeln abgezupfte Blüten

VERWENDUNG Die Blätter haben ein mildes, leicht süßliches Aroma und können in Salaten ebenso wie in Mischgemüsen gegessen werden. Die bunt gefärbten Blüten machen sich gut als Dekoration von süßen Desserts oder in Obstsalaten.

Typisch

So lange Taubnesseln nicht blühen, sehen sie Brennnesseln sehr ähnlich. Sie haben jedoch keinerlei Brennhaare. Neben der Roten kommt auch häufig die etwas größere Weiße Taubnessel (Lamium album) *vor.*

Rossminze

Mentha longifolia

Bei Minze denkt wohl jeder zuerst an Pfefferminze. Doch auch die Rossminze enthält die typisch »minzigen« ätherischen Öle. Sie zählt immerhin zu den Arten, die industriell zur Minzölgewinnung verwendet werden, vor allem die Süßwaren-Industrie zieht sie gern als Ersatz für Pfefferminzöl heran.

Die zahlreichen Blüten sitzen in dichten, zylindrischen Blütenständen. Sie sind meist kräftig rot-lila, manchmal aber auch nur zartrosa getönt.

VORKOMMEN in nassen Wiesen und Bodensenken, an Waldrändern, Gräben und Ufern; oft in Massenbeständen

SAMMELGUT die Blätter, am besten kurz vor der Blüte

VERWENDUNG Die Blätter passen wunderbar als Würzkraut zu Fleisch- und Fischgerichten, können aber auch zu mediterranen und asiatischen Gemüsegerichten verwendet werden. Auch medizinisch gesehen findet die Rossminze Verwendungszweck. Als Tee hilft sie gegen Verdauungsbeschwerden. Und hat man im Sommer einen Insektenstich abbekommen, haben frische Rossminze-Blätter, die man zu einem Brei zerquetscht und darauf streicht, eine kühlende und lokal betäubende Wirkung.

Typisch

Die länglich ovalen bis lanzettlichen Blätter der Rossminze sind unterseits dicht filzig behaart.

BLÜTEZEIT

J	F	M	A	M	J	J	A	S	O	N	D

Weiße Blütenfarbe

Preiselbeere

Vaccinium vitis-idaea

Nicht nur in hochalpinen Bereichen, auch in arktischen Klimazonen, sogar auf Grönland kommt der kleine, immergrüne Strauch vor. Die strenge winterliche Kälte solcher Standorte hält er nur aus, weil er sie tief unter der Schneedecke verbringt. Die großfrüchtige sogenannte »Kulturpreiselbeere« heißt übrigens nur in der gärtnerischen Vermarktung so, mit der Preiselbeere hat sie in Wirklichkeit nichts zu tun. Es handelt sich vielmehr um die Amerikanische Moosbeere (Vaccinium macrocarpon), *englisch »cranberry« genannt.*

VORKOMMEN in lichten Nadelwäldern, an Rändern von Mooren, auch in den Zwergstrauchheiden des Hochgebirges.

GRÖSSE nur 10 – 20 cm hoher Zwergstrauch, selten bis 30 cm

SAMMELGUT reife Beeren

VERWENDUNG Die vitaminreichen Beeren mit ihrem intensiven, säuerlich-fruchtigen Geschmack kann man roh ebenso essen wie eingekocht zu Wildgerichten oder Käse. Auch zu Kuchen, Desserts, Brotaufstrichen, Mus oder Saft lassen sie sich verwenden. Getrocknet schmecken sie gut in Teemischungen.

Die weißen, auf der Außenseite oft rosa überlaufenen Blütenglöckchen hängen nickend an den Zweigen.

BLÜTEZEIT/FRUCHTZEIT

J	F	M	A	M	J	J	A	S	O	N	D

Typisch

Die kleinen, derben Blätter sind oberseits dunkelgrün glänzend, unterseits aber braun drüsig punktiert und haben leicht umgebogene Ränder.

Knoblauchsrauke

Alliaria petiolata

Im Mittelalter, als Gewürze großteils noch sehr teuer waren, landete die weit verbreitete Waldpflanze mit ihrem pfeffrig-knoblauchartigen Geschmack vielfach auf den Tellern der ärmeren Leute, die sich Pfeffer nicht leisten konnten. Man baute sie damals häufig auch in den Gärten an. Mit zunehmender Verfügbarkeit exotischer Gewürze geriet sie aber immer mehr in Vergessenheit. Heute kann man sie wieder in Gärtnereien und auf Wochenmärkten finden.

VORKOMMEN an schattigen Waldrändern und -lichtungen, Gebüschen und Hecken, in Parks und auf Schuttflächen

GRÖSSE 20 – 100 cm hohe, krautige Pflanze

SAMMELGUT Blätter und Sprossspitzen, Blüten, Samen, Wurzel

Die schneeweißen Blütchen der Knoblauchsrauke haben, wie bei allen Kreuzblütlern, vier Kronblätter.

VERWENDUNG Die Blätter gibt man kleingeschnitten als pikantes Würzkraut in Salate, Kräuterquark, Eierspeisen oder Suppen. Man sollte sie nur frisch und roh verwenden, beim Kochen wie auch beim Trocknen verliert sich der Knoblauchgeschmack weitgehend. Die intensiv würzigen Blüten geben eine hübsche Dekoration für deftige Speisen ab. Die reifen, scharf schmeckenden Samen lassen sich wie Senfkörner verwenden. Wer im Herbst die Wurzel ausgräbt, kann diese, fein gerieben, als scharfe Würze einsetzen, ähnlich dem Meerrettich.

BLÜTEZEIT/FRUCHTZEIT

J	F	M	A	M	J	J	A	S	O	N	D

Typisch

Zerreibt man die frischen Blätter zwischen den Fingern, riechen sie intensiv nach Knoblauch.

Hirtentäschelkraut

Capsella bursa-pastoris

Das meist zweijährig wachsende Kraut wird oft als lästiges Unkraut verkannt. Dabei kann man fast alles an ihm essen. Die Blätter enthalten reichlich Flavonoide, weshalb ein Tee davon in der Pflanzenmedizin als blutstillendes Mittel eingesetzt wird. Diese Wirkung kannte man schon im Mittelalter. Damals nutzten Hebammen das Kraut, um Blutungen der Gebärmutter zu stillen.

VORKOMMEN an Weg- und Feldrändern, auf siedlungsnahem Ödland, in Gärten; sehr häufig

GRÖSSE im ersten Jahr eine dem Boden anliegende Blattrosette, im zweiten Jahr eine Staude mit bis zu 50 cm hohen Blütenstängeln

SAMMELGUT Rosettenblätter (vor der Blütezeit), Blüten, Samen, Wurzel

VERWENDUNG Noch junge Rosettenblätter ergeben einen kresseartig würzigen Salat oder eine Gemüsezutat. Je älter sie werden, desto schärfer schmecken sie, zuletzt fast meerrettichartig. Die Blüten lassen sich als pikante Speisendekoration, die reifen Samen wie Senf nutzen. Bevor sich der Blütenstängel entwickelt hat, kann man die noch weiche Wurzel ausgraben. Fein geschnitten entwickelt sie ingwerartige Schärfe.

Typisch

Die flachen, dreieckig-herzförmigen Samenschötchen stehen auf dünnen Stielen gespreizt vom Stängel ab.

ACHTUNG! Nicht selten sehen Hirtentäschel-Blätter aus wie mit Mehl überstäubt. Solche Blätter nicht sammeln! Sie sind von einem Pilz befallen, der Magenverstimmung hervorrufen kann.

BLÜTEZEIT/FRUCHTZEIT

J	F	M	A	M	J	J	A	S	O	N	D

Brunnenkresse

Nasturtium officinale

Die saftig-fleischig wirkenden Blätter der Brunnenkresse enthalten eineinhalbmal so viel Vitamin C wie Zitrone. Schon die alten Griechen und Römer hatten das Kraut als wirksames Mittel gegen den gefürchteten Skorbut erkannt und schätzten es als gesundes Gemüse. Bei uns wurde die Wasserstaude nachweislich seit dem 17. Jahrhundert in Kulturen angebaut. Zwischenzeitlich fast wieder in Vergessenheit geraten, erlebt sie seit einigen Jahren eine ähnliche Renaissance als Wildgemüse wie Bärlauch.

VORKOMMEN im Seichtwasser von langsam fließenden, sauberen Bächen und Flüssen, oft auch am Ufer, solange dort der Boden dauernass ist

GRÖSSE 15 – 30 cm hoch, kann aber bis zu 90 cm lange Stiele haben, die am Boden kriechen oder im Wasser schwimmen

Wenn sich die Brunnenkresse bereits mit ihren weißen Blütchen geschmückt hat, werden ihre Blätter zunehmend bitter.

Die gefiederten Blätter können recht unterschiedlich viele Blättchen aufweisen. Die Endfieder aber ist stets deutlich größer als die seitlichen.

SAMMELGUT vor allem Blätter und junge Triebe, aber auch Blüten und reife Samenschötchen

VERWENDUNG Die sehr aromatischen, im Geschmack an Gartenkresse erinnernden Blätter sind auf vielerlei Art zu genießen: püriert als Spinat oder Suppe, als Pesto oder in Kräutersoßen, gehackt in Salaten, Quark- oder Eierspeisen. Triebspitzen und Blüten geben eine aparte Speisendekoration ab. Und wer sich die Mühe macht, die reifen Samenschötchen zu sammeln, kann die winzigen, scharf schmeckenden Samen als Pfefferersatz nutzen oder einem selbst zubereiteten Senf damit eine besondere Note geben. Als getrocknetes Würzkraut eignet sich Brunnenkresse nicht, denn beim Trocknen verliert sie ihr Aroma fast gänzlich.

BLÜTEZEIT/FRUCHTZEIT

J	F	M	A	M	J	J	A	S	O	N	D

Typisch

Die längs gerippten Stängel der Brunnenkresse sind hohl. Das macht sie leicht und gibt ihnen im Wasser Auftrieb.

Wiesenschaumkraut

Cardamine pratensis

Nicht selten sieht man an den Stängeln der zarten Pflanze einen auffälligen, weißen Schaumklecks kleben, was der Blume wohl zu ihrem Namen verholfen hat. Der Volksmund nennt das Gebilde »Kuckucksspeichel«, in Wirklichkeit ist es jedoch das »Nest« oder Versteck einer Insektenlarve. Auf dem Wiesenschaumkraut lebt nämlich häufig die Wiesenschaumzikade. Das nur 5 mm große Insekt legt im Frühjahr seine Eier ab, die geschlüpften Larven saugen sodann den Pflanzensaft. Dabei scheiden sie eine Flüssigkeit aus, in die sie Luft pumpen, sodass ein stabiler Schaum entsteht.

VORKOMMEN in Feuchtwiesen, Auwäldern und Hochstaudenfluren, an nährstoffreichen Gewässerufern, oft in ausgedehnten Beständen

Typisch

Die Blätter des Wiesenschaumkrauts sind unpaarig gefiedert, wobei sich die Grundblätter aus rundlichen, die Stängelblätter aus ganz schmalen Teilblättchen zusammensetzen.

GRÖSSE 20 – 50 cm hohe, krautige Pflanze

SAMMELGUT junge Blätter, Triebspitzen und Knospen

VERWENDUNG Die Blätter und Sprosse schmecken aufgrund von Senföl-Glycosiden kresseähnlich scharf und leicht bitter, enthalten aber auch viel Vitamin C. Man isst sie in Salaten, Quark oder Frischkäse, kurz: überall, wo auch Kresse mundet. In der Volksmedizin werden sie als Tee getrunken, der vor allem auf Leber und Nieren anregend wirkt.

Der grünlich gelbe Schlund der weißen oder rosa Blüten weist den Insekten den Weg zur Nahrung.

BLÜTEZEIT

J	F	M	A	M	J	J	A	S	O	N	D

Meerrettich

Armoracia rusticana

Bereits in der Antike wusste man die scharfe Wurzel als Würzmittel sowie gegen Infektionen und lokale Schmerzen einzusetzen. Hierzulande ist der Anbau der stattlichen Staude immerhin schon seit Karl dem Großen bekannt. Der Name Meerrettich bezieht sich auf die Größe, wurde doch im Mittelhochdeutschen das Wort »mehr« meist im Sinne von »groß, stark« gebraucht. Der Meerrettich ist also einfach ein »großer Rettich«.

VORKOMMEN ursprünglich in Südosteuropa und Westasien, bei uns angebaut, an feuchten Standorten, z.B. Nasswiesen, Bach- und Flussufer, stellenweise verwildert

GRÖSSE 40 – 120 cm hohe Staude

SAMMELGUT die dicke Pfahlwurzel; auch frisch ausgetriebene Blätter sowie Blüten

VERWENDUNG Geriebene Meerrettichwurzel verleiht Saucen eine pikante Schärfe. Vermischt mit Sahne, Apfelmus oder Preiselbeeren kann man sie gut zu Fisch und Fleischspeisen reichen. Gehackte junge Blätter ebenso wie Blüten würzen z.B. Salate oder Kräuterquark. Meerrettich sollte immer frisch verwendet werden, beim Erhitzen verflüchtigt sich die aromatische Schärfe rasch.

BLÜTEZEIT

J	F	M	A	M	J	J	A	S	O	N	D

In Österreich findet man den Meerretich unter dem Namen »Kren« auf vielen Speisekarten.

Typisch

Die großen Grundblätter des Meerrettichs, die an Rübenblätter erinnern, können bis zu 1 m lang werden.

Waldmeister

Galium odoratum

Wenn Maibowle gereicht wird, ist das Frühjahr endlich da! Schon seit Jahrhunderten genießen die Deutschen im Mai gerne das erfrischende Getränk, einen mit Waldmeister aromatisierten gezuckerten Weißwein. Wenn man allerdings im Handel heute auf Waldmeisterprodukte stößt, sei es Eis, Sirup oder Likör, handelt es sich fast durchwegs um grün gefärbte Produkte, deren Waldmeisteraroma künstlich erzeugt wird. Die Pflanze selbst ist wegen des darin enthaltenen giftigen Cumarins in Verruf geraten. Es steht im Verdacht, bei hoher Dosierung Krebs auszulösen.

VORKOMMEN in Laub- und Mischwäldern, oft massenweise

GRÖSSE 15 – 30 cm hohe, krautige Staude

Die schmalen Blätter sitzen zu sechst bis acht in Quirlen an dem zarten Stängel.

SAMMELGUT ganze Pflanzen, zu Genusszwecken vor der Blüte (in der Blütezeit steigt der Cumaringehalt stark an), als Duftspender auch blühend

VERWENDUNG Traditionell werden die Pflänzchen zur Aromatisierung von Maibowle verwendet. Waldmeistersirup dient zur Herstellung von Limonaden und zur Verfeinerung des alkoholischen Mixgetränkes »Berliner Weiße«. In Duftpotpourris bringt Waldmeister Frühlingsduft ins Haus. Im Kleiderschrank aufgehängte Sträußchen vertreiben die Motten.

ACHTUNG! Der Genuss von Waldmeisterbowle kann aufgrund des Cumarin-Gehalts zu heftigen Kopfschmerzen führen! Um das zu vermeiden, sollte man zum Ansetzen der Bowle nur ganz frischen Waldmeister verwenden, nicht welken oder getrockneten. Erst beim Trocknen nämlich spaltet sich das schädliche Cumarin von einer noch harmlosen Vorstufe ab.

Typisch

Die Pflanze verströmt, vor allem in getrocknetem Zustand, einen süßlichen Duft.

BLÜTEZEIT

J	F	M	A	M	J	J	A	S	O	N	D

Vogelmiere

Stellaria media

So klein und zart das Pflänzchen auch ist, es gibt kaum eine andere so durchsetzungsfähige und lebensstarke Art wie die Vogelmiere. Aus sämtlichen Blüten entstehen Samen, selbst wenn es nicht zu einer Bestäubung durch Insekten kommt (Selbstbestäubung!). So kann eine einzige Pflanze über 10 000 Samen hervorbringen, die rasch und fast überall keimen. Kein Wunder, dass die extrem anpassungsfähige Art

Die Große Sternmiere (Stellaria holostea) *hat nicht nur größere Blüten als die Vogelmiere, ihre Kronblätter überragen deutlich die Kelchblätter.*

Die weißen Kronblätter sind höchstens so lang wie die grünen Kelchblätter, meistens aber kürzer. Die reifenden Samen hängen an verlängerten Stielchen herab.

in allen gemäßigten Klimazonen weltweit verbreitet ist – und von Landwirten und Gärtnern schlicht als Unkraut betrachtet wird.

VORKOMMEN an nährstoffreichen, leicht feuchten Stellen, im Wald ebenso wie im Blumenbeet, an Wegrändern und Schuttplätzen, in Äckern und Weingärten

GRÖSSE krautige Pflanze mit 5 – 40 cm langen, am Boden liegenden Stängeln

SAMMELGUT ganze Triebe

VERWENDUNG Als Salat oder in Gemüse ist die vitamin- und mineralstoffreiche Vogelmiere überaus gesund. Immerhin enthält sie rund siebenmal so viel Eisen und achtmal so viel Vitamin C wie Kopfsalat. Ihr süßlich-nussiges Aroma, das an jungen Mais erinnert, geht allerdings beim Kochen verloren. Daher Vogelmiere stets roh verwenden!

Typisch

Die fünf weißen Kronblätter sind fast bis zur Basis gespalten, sodass jedes von ihnen wie zwei Blättchen wirkt.

BLÜTEZEIT

J	F	M	A	M	J	J	A	S	O	N	D

Typisch

Häufig finden sich an einer Walderdbeer-Pflanze Blüten und Früchte zur selben Zeit.

Walderdbeere

Fragaria vesca

Aroma satt und Genuss pur! So lassen sich die Früchte der heimischen Walderdbeere in Kurzfassung beschreiben. Mit 60 mg Vitamin C pro 100 g haben sie überdies einen deutlich höheren Vitamingehalt als die großfrüchtigen Kulturerdbeeren (die übrigens nicht aus der heimischen Erdbeere, sondern aus überseeischen Arten herausgezüchtet wurden). Auch die sogenannten Monatserdbeeren, in Kultur genommene Walderdbeeren, können im Aroma mit den kleinen Früchten der Wildpflanzen nicht mithalten.

VORKOMMEN an sonnigen Waldrändern, auf Lichtungen, entlang von Gebüschen, an feuchten Wegrändern und Böschungen

GRÖSSE 10 – 20 cm hohe Staude mit langen Ausläufern

SAMMELGUT Früchte, junge Blätter, Blüten

VERWENDUNG Mit den Früchten der Walderdbeere kann man alles machen, wozu man auch Kulturerdbeeren verwenden kann. Im Frühjahr schmecken zudem die jungen, noch weichen Blätter in Mischsalaten und Gemüsen. Die Blüten ergeben einen schmackhaften Tee oder lassen sich zu einer kandierten Süßigkeit verarbeiten, ähnlich wie kandierte Veilchenblüten.

BLÜTEZEIT/FRUCHTZEIT

J	F	M	A	M	J	J	A	S	O	N	D

Die Erdbeeren entstehen aus dem fleischig werdenden Blütenboden. Die eigentlichen Früchte der Pflanze sind die darauf sitzenden, winzigen Nüsschen.

Waldsauerklee

Oxalis acetosella

Der zarte Waldsauerklee zählt zu den schattenverträglichsten Gewächsen, die bei uns vorkommen. Versuche mit Filterfolien haben ergeben, dass er noch bei einem 1/160 des normalen Tageslichts gedeihen kann. Er erweist sich sogar als empfindlich gegen direkte Sonneneinstrahlung. Dann klappt er seinen »Kleeblätter« zusammen wie am Abend. So schützt er sich vor Überwärmung und damit vor zu viel Verdunstung.

Obwohl seine Blätter wie Kleeblätter aussehen, ist der Sauerklee doch nicht verwandt mit den echten Kleearten.

VORKOMMEN am schattigen Boden von Laub- und Mischwäldern; sehr häufig

GRÖSSE 5 – 15 cm hohe, zarte Staude

SAMMELGUT Blätter, Blüten

VERWENDUNG Die Blätter, die auch im Laufe des Sommers stets zart bleiben, geben Salaten, Suppen und Saucen eine erfrischende Note. Mit ihrer hübschen Kleeblatt-Form machen sie sich auch als Dekoration auf cremigen Suppen gut. Ebenso zieren auch die kleinen Blüten Suppen, Salate und Desserts.

ACHTUNG! Wegen ihres Gehalts an Oxalsäure, die in größeren Mengen gesundheitsschädlich wirkt, sollten Sauerkleeblätter nicht im Übermaß verzehrt werden.

BLÜTEZEIT

J	F	M	A	M	J	J	A	S	O	N	D

Typisch

Abends und bei Regenwetter schließen sich die Blüten und die Blätter klappen nach unten zusammen.

Schlehe

Prunus spinosa

Die Schlehe, wegen ihrer Dornen auch Schlehdorn sowie der schwärzlichen Rinde auch Schwarzdorn genannt, sticht vor allem im Frühjahr ins Auge. Dann überzieht sich der sparrige Strauch mit einer Unzahl schneeweißer Blüten. Im Spätherbst schließlich liefert sie herrliche Früchte. Diese mundeten schon den Menschen in der Jungsteinzeit, wie mehrfache Funde in deren freigelegten Siedlungen belegen. In einem Pfahlbaudorf am Bodensee fand man überdies eine Vielzahl gelochter Schlehenkerne, die wohl als »Perlen« für eine Kette dienten.

Typisch

Die sehr dicht stehenden Früchte bleiben bis in den Winter hinein an den Zweigen haften.

Die Blüten der Schlehe schmücken den Strauch schon vor dem Blattaustrieb.

Eigentlich sind die kugeligen Früchte der Schlehe schwarz, eine dichte (abwischbare) Bereifung lässt sie aber blau aussehen.

VORKOMMEN an sonnigen Wald- und Wegrändern, Hängen und Hecken, auf Trockenrasen, aber auch als Unterholz in feuchten Auwäldern

GRÖSSE 1 – 3 m hoher, dicht verzweigter Strauch

SAMMELGUT vor allem die Früchte (nach dem ersten Frost ernten!), aber auch Blüten und Blätter

VERWENDUNG Die Früchte schmecken, auch wenn sie bereits völlig reif sind, sehr herb-sauer. Erst der Frost mildert die Säure. Dann kann man sie gut roh essen oder aus ihnen Marmelade, Kompott oder Saft bereiten. Auch zur Herstellung von Schlehenlikör werden sie gesammelt. Getrocknet passen sie gut in Früchtetees. Aus den Blüten und Blättern lässt sich ein würzig-säuerlicher Tee bereiten, die Blüten geben eine hübsche Dekoration für Süßspeisen ab, vor allem in kandierter Form.

BLÜTEZEIT/FRUCHTZEIT

J	F	M	A	M	J	J	A	S	O	N	D

Eingriffeliger Weißdorn

Crataegus monogyna

Der dichte, dornige Strauch, auch Hagedorn genannt, war jahrhundertelang die Heckenpflanze schlechthin. Vielerorts wird er heute noch, oft zusammen mit der Schlehe (siehe Seite 94/95), als Einfriedung für Felder und Weiden gepflanzt. Ein lebender Zaun, der überdies Früchte liefert und dazu noch äußerst langlebig ist. Die ältesten registrierten Weißdorne weisen über 400 Jahresringe auf. Aufgrund des langsamen Wachstums ist Weißdornholz enorm hart. Damit eignet es sich besonders gut zur Herstellung zum Beispiel von Wagenrädern und Werkzeuggriffen.

Zwar sind die Kronblätter rein weiß, der gelbliche Blütenschlund und die roten Staubblätter lassen die Blüten dennoch zart bunt wirken.

Die leuchtend roten Beeren sind rundlich bis oval und bleiben oft bis in den Winter hinein an den Zweigen.

VORKOMMEN an sonnigen Waldrändern, in Gebüschen, oft als Hecken oder am Straßenrand gepflanzt

GRÖSSE 3 – 8 m hoher Strauch, manchmal auch kleiner Baum

SAMMELGUT Früchte, junge Blätter, Blüten und Blütenknospen

VERWENDUNG Die säuerlich und etwas mehlig schmeckenden Früchte kann man roh ebenso essen wie zu Kompott oder Marmelade verarbeitet. Getrocknet kann man sie gut als Tee aufbrühen. Frisch ausgetriebene Blätter bereichern Mischsalate mit ihrem nussigen Geschmack, die süßlich duftenden Blüten aromatisieren Desserts. Eingelegte Blütenknospen können als Kapernersatz dienen. Pharmazeutisch ist der Weißdorn von Bedeutung, weil die in den Früchten, Blättern und Blüten enthaltenen Wirkstoffe die Durchblutung der Herzkranzgefäße anregen und zur Stärkung des Herzens verordnet werden.

BLÜTEZEIT/FRUCHTZEIT

J	F	M	A	M	J	J	A	S	O	N	D

Typisch

Die Blüten des Weißdorns haben fünf rundliche, rein weiße Kronblätter und in der Mitte ein ganzes Büschel roter Staubbeutel.

Gewöhnliche Felsenbirne

Amelanchier ovalis

Edelweißstrauch wird die Felsenbirne im Alpenraum oft genannt, sind ihre Jungtriebe und frisch austreibenden Blätter doch so weißfilzig überzogen wie die bekannte Hochgebirgsblume. Mit langen, zähen Wurzeln schafft es der Strauch, sich an Felshängen festzuklammern. Als sogenannter Rohbodenpionier besiedelt er auch steinige Schutthalden, im Gebirge oder an Autobahnböschungen, und befestigt sie mit seinem Wurzelwerk.

Mit den ersten Blättern im Frühjahr erscheinen auch die zarten, schneeweißen Blüten.

Die reifen Früchte sehen auf den ersten Blick aus wie Heidelbeeren, die ein »Krönchen« tragen.

VORKOMMEN wild in Mittel- und Südeuropa an felsigen Steilhängen, auf Felsschutt, an sonnigen, trockenen Waldrändern; häufig in Parks und Gärten als Zierstrauch gepflanzt

GRÖSSE 1 – 3 m hoher Strauch

SAMMELGUT reife Früchte

VERWENDUNG Die etwas mehlig, aber süß schmeckenden Früchte haben einen marzipanartigen Beigeschmack. Sie lassen sich gut zu Marmelade verkochen. Gesund sind sie nicht nur wegen ihres hohen Vitamingehalts, sondern auch, weil sie dank der enthaltenen Flavonoide Herz und Blutgefäße stärken. Früher dienten die getrockneten Früchte auch gelegentlich als Korinthenersatz.

BLÜTEZEIT/FRUCHTZEIT

J	F	M	A	M	J	J	A	S	O	N	D

Typisch

Die erbsengroßen Früchte sind zunächst grünlich, verfärben sich mit zunehmender Reife über Rot nach Blauschwarz mit einer weißlichen Bereifung.

Weichselkirsche

Prunus mahaleb

Die ebenfalls gebräuchlichen Namen Felsenkirsche oder Steinweichsel sagen schon viel darüber aus, wo der sonnenhungrige Strauch vorwiegend zu finden ist: an warmen, felsigen Hängen, und zwar ursprünglich im Mittelmeerraum. In Mitteleuropa wurde sie früher ihres Holzes wegen angepflanzt. Man benutzte das harte und angenehm nach Heu duftende Holz mit Vorliebe, um Pfeifen und Spazierstöcke daraus zu fertigen.

Die aparten, weißen Blüten stehen in kleinen Trauben beieinander.

Die nur erbsengroßen Steinfrüchte verfärben sich mit zunehmender Reife von Rot nach Schwarz.

VORKOMMEN wild in Gebüschen auf felsigem Untergrund, an trockenen Sonnenhängen, in lichten Laubwäldern, in Mitteleuropa in Weinbaugebieten; vielfach als Ziergehölz in Parks und Gärten

GRÖSSE 1 – 3 m, aber auch bis 6 m hoher, dicht verzweigter Strauch

SAMMELGUT Früchte, Blüten

VERWENDUNG Die »Kirschen« können roh vom Baum gegessen werden, wobei die vollreifen schwarzen Exemplare süßer schmecken als die noch roten, jedoch deutlich saurer als Vogelkirschen (siehe Seite 102/103), außerdem etwas herb. Man kann sie aber gut zu Marmelade oder Kompott verarbeiten oder trocknen und dann Kräuter- oder Früchtetees zusetzen. Mit den etwas nach Mandeln schmeckenden Blüten lässt sich Tee angenehm aromatisieren. Kandiert ergeben sie eine auch optisch ansprechende Leckerei.

Typisch

Die jungen Zweige der Weichselkirsche sind fein behaart und fühlen sich klebrig an.

BLÜTEZEIT/FRUCHTZEIT

J	F	M	A	M	J	J	A	S	O	N	D

Vogelkirsche

Prunus avium

Der Name Vogelkirsche kommt nicht von ungefähr: Vögel sind ganz wild auf die süßen Früchte. Als Gegenleistung für die Mahlzeit betätigen sie sich als Hauptverbreiter der Kirschkerne und damit der Baumart. Wildkirsche oder Wilde Süßkirsche wird das Gehölz auch oft genannt, ist es doch eine Stammart der Kultur-Süßkirschen. Zudem wird es oft als Veredelungsunterlage für Kultursorten von Süß- und Sauerkirschen eingesetzt, ebenso für die Japanische Blütenkirsche. A propos Blüten: Nach altem Brauch werden am 4. Dezember, dem Tag der Hl. Barbara, Zweige der Vogelkirsche geschnitten und im warmen Zimmer in die Vase gestellt. Diese »Barbarazweige« treiben noch vor Weihnachten Blüten.

Jeweils zwei bis vier der schneeweißen Blüten stehen zusammen an einem Kurztrieb.

Die glänzend roten Früchte hängen an langen Stielen von den Zweigen.

VORKOMMEN in Laub- und Laubmischwäldern, an Waldrändern, in Gebüschen

GRÖSSE 15 – 20 m, selten auch bis 30 m hoher Baum

SAMMELGUT Früchte, Blüten

VERWENDUNG Die aromatisch-süßen Kirschen lassen sich für alles verwenden, wofür sich auch das Kulturobst eignet : Marmelade, Gelee, Kompott, Saft, Wein und Likör, Kuchen, Obstsalat usw. – auch wenn sie nicht so saftig sind wie die kultivierten Süßkirschen und zudem eine leichte Bitternote haben. Die Blüten, die zart nach Mandeln schmecken, lassen sich mit Zuckerwasser kandieren oder als Tee aufgießen.

BLÜTEZEIT/FRUCHTZEIT

J	F	M	A	M	J	J	A	S	O	N	D

Typisch

Ältere Stämme haben eine glatte Rinde mit quer verlaufenden, warzigen Streifen. Die Rinde rollt sich meist quer auf.

Gewöhnliche Traubenkirsche

Prunus padus

Wenn die Traubenkirsche ihren üppigen Blütenflor ausbreitet, wirkt sie vor allem für Fliegen unwiderstehlich. Der intensive, süßlich-bittere Geruch der Blüten zieht Fliegen magisch an (die dann prompt auch die Rolle des Bestäubers übernehmen). Mancherorts heißt die Traubenkirsche daher im Volksmund Faulbaum, andernorts nennt man sie gar Hexenbaum. Früher banden die Bauern in der Walpurgisnacht Zweige dieses Baums an die Stalltür, um das Vieh vor bösen Mächten zu schützen.

Die glänzend schwarzen »Kirschen« erreichen gerade einmal 7 – 8 mm im Durchmesser. Sie hängen an den Zweigen.

Die Blütenkerzen und auch die Fruchtstände des giftigen Ligusters stehen hingegen aufrecht am Strauch.

VORKOMMEN Auwälder, feuchte Waldränder und Flussufer

GRÖSSE 5 – 12 m, auch bis zu 15 m hoher Großstrauch oder Baum

SAMMELGUT Früchte, Blüten und Blätter

VERWENDUNG Die kleinen Kirschen schmecken fruchtig süßsauer mit leichter Bitternote. Man passiert sie besser erst zu Mus, um die Kerne zu entfernen, bevor man sie zu Marmelade oder Gelee verarbeitet. Die Blüten und jungen Blätter ergeben, frisch aufgegossen, einen fein nach Bittermandel schmeckenden Tee. Frisch ausgetriebene Blätter können, fein gehackt, auch Gemüse und Saucen würzen.

ACHTUNG! Der in allen Pflanzenteilen für den Menschen giftige Liguster *(Ligustrum vulgare)* hat ähnliche, aber stehende Blütentrauben und glattrandige, gegenständige Blätter. (Die der Traubenkirsche sind wechselständig und am Rand gezackt.)

BLÜTEZEIT

J	F	M	A	M	J	J	A	S	O	N	D

Typisch

Zieht man die Rinde der Zweige ab und zerreibt sie zwischen den Fingern, verströmt sie einen unangenehmen, essigartigen Geruch.

Eberesche

Sorbus aucuparia

Vogelbeerbaum wird die Eberesche auch genannt. Die orangeroten Früchte werden zwar gerne von Vögeln verzehrt, im botanischen Sinn handelt es sich allerdings nicht um Beeren. Der Name Eberesche spielt auf die gefiederten Blätter an, die denen der Esche gleichen. Die Vorsilbe »eber-« kommt vom mittelhochdeutschen »aber«, was »falsch, verkehrt« bedeutet. Wir haben also eine »falsche Esche« vor uns.

VORKOMMEN in lichten Laub- und Mischwäldern, an sonnigen Waldrändern, auf Kahlschlägen, vorwiegend im Hügel- und Bergland; häufig auch als Ziergehölz oder Straßenbaum angepflanzt

GRÖSSE 5 – 15 m hoher Strauch oder Baum

Typisch

Neben den charakteristischen Blüten- und Fruchtdolden ist auch die glatt graue, beinahe glänzende Rinde ein gutes Erkennungsmerkmal des Baums.

SAMMELGUT vor allem die Früchte, aber auch die Blüten

VERWENDUNG Die sehr Vitamin-C-haltigen, doch ziemlich bitter-sauren Früchte sollte man erst nach dem ersten Frost ernten, dann schmecken sie milder. Gekocht und zu Mus püriert können sie als Zutat zu Kompotten, Saucen oder Brotaufstrichen dienen. Die Blüten lassen sich zu einem Tee mit einer Mandelnote aufgießen oder als aromatische Zugabe zu Süßspeisen nutzen.

ACHTUNG! In Mengen roh verzehrt können die Früchte Magen-Darmverstimmungen hervorrufen.

Die dichten, bis 15 cm breiten Blütendolden stellen im Frühjahr einen auffallenden Baumschmuck dar.

Wilder Apfelbaum

Malus sylvestris

Dass der Wilde Apfelbaum auch Holzapfel heißt, sagt viel über die Qualität seiner Früchte aus. Deren holzig-derbes und zudem noch recht trockenes Fruchtfleisch hält keinem Vergleich mit »modernen« Äpfeln stand. Trotzdem haben die Menschen in der Steinzeit die Wildäpfel offenbar geschätzt und eifrig gesammelt, wie Funde von Mahlzeitresten in verschiedenen Pfahlbausiedlungen belegen. Doch mittlerweile konnte der Mensch seine Nahrung verbessern: Durch Zuchtauslese entstanden aus dem Holzapfel und einigen anderen Wildarten bis heute mehr als tausend Sorten von Kulturäpfeln.

Die nur 3 – 4 cm großen Äpfelchen sind in der Reife gelbgrün mit roten »Bäckchen«.

VORKOMMEN in Laubmischwäldern, Auwäldern, Gebüschen und Hecken, vor allem in Flussniederungen; selten geworden, schwer abzugrenzen von verwilderten Kulturäpfeln

GRÖSSE 5 – 10 m hoher Baum, manchmal auch nur ein großer Strauch

SAMMELGUT die reifen Früchte

VERWENDUNG Ein hoher Gerbstoffgehalt gibt den Wildäpfelchen einen sehr sauren und leicht bitteren Geschmack. Sowohl gedörrt wie auch gekocht schmecken sie aber recht gut. Man kann sie gemischten Marmeladen zusetzen oder aber zu Fruchtsaft verpressen oder Apfelwein aus ihnen bereiten.

Typisch

Die Blüten messen bis zu 4 cm im Durchmesser und sind innen weiß und außen rosa. Sie stehen stets zu mehreren an den Zweigenden beieinander.

BLÜTEZEIT/FRUCHTZEIT

J	F	M	A	M	J	J	A	S	O	N	D

Typisch

Im Gegensatz zu den Kulturbirnen trägt der Wilde Birnbaum an den Enden der kleinen Zweige kräftige Dornen.

Wilder Birnbaum

Pyrus pyraster

Wer die Frucht einer Wild- oder Holzbirne essen will, braucht gute Zähne. Im Fruchtfleisch der Birnchen sind Unmengen sogenannter Steinzellen enthalten – Zellen mit extrem verdickter und verhärteter Zellwand, die in Grüppchen aneinanderhaften und die Frucht »holzig« machen. Solche Steinzellennester finden sich auch noch in den heutigen Kulturbirnen, man spürt sie beim Verzehr als raue Körnchen im Mund. Wildbirnen enthalten jedoch ein Vielfaches mehr davon.

VORKOMMEN in Auwäldern, an feuchten Waldrändern, in Gebüschen; im Tiefland und in Mittelgebirgen

GRÖSSE 5 – 15 m hoher Baum, manchmal auch nur ein 2 – 4 m hoher Strauch

SAMMELGUT reife Früchte, Blüten und Blütenknospen

VERWENDUNG Die kleinen Wildbirnen (am besten erst im Spätherbst geerntet, dann werden sie etwas mürbe) lassen sich zu Mus verkochen, entsaften oder trocknen und als Tee aufgießen. Die Blütenknospen geben eine milde Salatbeigabe ab, die Blüten einen süßlich-fruchtigen Tee, der nicht nur gut schmeckt, sondern auch bei Nierenerkrankungen hilft.

BLÜTEZEIT/FRUCHTZEIT

J	F	M	A	M	J	J	A	S	O	N	D

Die nur etwa 4 cm großen Wildbirnen sind in der Reife gelbbraun und sehr hart.

Schwarzer Holunder

Sambucus nigra

Holunder, Hollerbusch oder Fliederbeere – der üppig wachsende Strauch gehört seit uralten Zeiten zu jedem Bauernhof. Die alten Griechen wussten ihn ebenso zu schätzen wie die Germanen, liefert doch praktisch jeder Teil der Pflanze wirksame Heilmittel – in Zeiten ohne pharmazeutische Industrie etwas enorm Wertvolles. Vor allem der Vitamin-C-reiche Holundersaft wurde (und wird auch heute noch) eingesetzt gegen Erkältungen, bei Blasen- und Nierenleiden und zur Herzstärkung. In der Mythologie gilt der Holunder seit jeher als Heimat guter Hausgeister, weshalb lange Zeit neben fast jedem Haus und Stall ein Hollerbusch gepflanzt wurde. Einen dieser guten Geister kennen wir alle: es ist Frau Holle.

Typisch

Ein sicheres Kennzeichen des Schwarzen Holunders ist das weiße, fast styroporartig wirkende Mark in seinen Zweigen. (Der Traubenholunder hat orangerotes Mark.)

Die zarten Blütensterne bilden bis zu 30 cm breite, flache Schirmrispen (oben). Der Traubenholunder (Sambucus racemosa) *hat kleinere, traubige Blütenstände und seine Früchte sind leuchtend rot. Roh gegessen sind seine Beeren giftig, gekocht kann man sie verwenden wie die des Schwarzen Holunders (unten).*

VORKOMMEN an Waldrändern, auf Waldlichtungen, in Gebüschen, oft auch in Parkanlagen und Gärten; einer der häufigsten Sträucher Mitteleuropas

GRÖSSE 3 – 7 m hoher Strauch oder kleiner Baum

SAMMELGUT Blütenrispen, Früchte

VERWENDUNG In einen Ausbackteig getaucht und dann gebraten oder frittiert, verwandeln sich die Blütenrispen zu einer süßen Köstlichkeit. Man kann mit ihnen aber auch Getränken eine delikate Geschmacksnote geben, etwa Holundersekt oder Holundersirup, den man mit Mineralwasser zu kühler Holunderlimonade aufgießt. Die Beeren verwendet man am besten in gekochter Form – sicherheitshalber. Bei empfindlichen Personen kann der Rohverzehr nämlich zu einer Magenverstimmung führen, Erhitzen zerstört die dafür verantwortliche Substanz. Die gekochten Beeren lassen sich zu einem herbaromatischen, säurearmen Saft, Gelee oder Kompott verarbeiten.

BLÜTEZEIT/FRUCHTZEIT

J	F	M	A	M	J	J	A	S	O	N	D

Ackerbrombeere

Rubus caesius

Typisch

Die nur 30 – 60 cm langen, oft bläulich bereiften Triebe sind von nadelartig dünnen Stacheln besetzt.

Die flach am Boden liegenden Triebe der Ackerbrombeere oder Kratzbeere, wie sie auch genannt wird, können an ihrer Spitze Wurzeln treiben. So bilden die Pflanzen oft dichte, kratzende Teppiche am Waldboden. Ihre zwar essbaren, aber wenig aromatischen Früchte werden vor allem von Vögeln, aber auch von Mäusen geschätzt. Häufig bastardisiert die Ackerbrombeere aber mit der Gewöhnlichen Brombeere (siehe Seite 116/117), was die Qualität ihrer Früchte entsprechend hebt.

VORKOMMEN am Waldrand, als Unterwuchs in Auwäldern, in Ufergebüschen, auf feuchten Brachäckern, am Straßenrand

GRÖSSE bis 80 cm an anderen Gehölzen emporkletternder Strauch oder am Boden dahinkriechend

SAMMELGUT Früchte, Blätter

VERWENDUNG Die Früchte lassen sich wie Brombeeren verwenden, schmecken aber eher sauer und deutlich weniger aromatisch. Mit den herb schmeckenden Blättern kann man, klein gehackt, Salat oder Gemüse würzen.

BLÜTEZEIT/FRUCHTZEIT

J	F	M	A	M	J	J	A	S	O	N	D

Eine Vielzahl sich mit der Zeit purpurrot färbender Staubbeutel schmücken die weißen Blüten.

Gewöhnliche Brombeere

Rubus fruticosus

Brombeeren schmecken nicht nur himmlisch, sie sind auch sehr gesund: Zum Beispiel liegt ihr Gehalt an Eisen weit über dem von Spinat. Und den tief dunkelroten Anthocyanen, denen sie ihre intensive Farbe verdanken, wird von den Medizinern eine zellschützende und krebsvorbeugende Wirkung zugeschrieben. Für alle, die sich nicht beim Sammeln wilder Brombeeren die Arme zerkratzen lassen

Die bis zu 3 cm großen, weißen Blüten erscheinen an den zweijährigen Trieben. Später macht der Herbst mit seinen Farben kleine Kunstwerke aus den Blättern.

wollen: Inzwischen wurden für den erwerbsmäßigen Anbau und den Garten Sorten ohne Stacheln gezüchtet, die aber überwiegend von außereuropäischen Arten abstammen.

VORKOMMEN an Waldrändern und –lichtungen, in Gebüschen, auf Ödland, an Wegrändern; sehr häufig

GRÖSSE 0,50 – 2 m hoher Strauch mit langen, überhängenden Zweigen

SAMMELGUT Früchte, Blätter

VERWENDUNG Die süßen und aromatischen Früchte sind roh ebenso eine Delikatesse wie in Desserts, auf Kuchen oder zu anderen Süßspeisen. Die aufgrund der enthaltenen Gerbsäuren recht herb schmeckenden Blätter dienen zum Würzen von Salaten und Gemüsegerichten. Weil sie meist über den Winter am Strauch bleiben, sind sie in der kalten Jahreszeit fast das einzige Wildkräutergrün. Achtung: Vor dem Verzehr die unten bestachelte Mittelrippe entfernen!

Typisch

Die bis zu 2 m langen Triebe tragen unzählige, an der Basis verdickte und sehr unterschiedlich große Stacheln.

Gewöhnliche Himbeere

Rubus idaeus

Schon in der Antike wurden die weichen, süßen Beeren überaus geschätzt, was aus den Werken mehrerer griechischer und römischer Schriftsteller hervorgeht. Im botanischen Sinn allerdings sind die Himbeeren gar keine Beeren. Vielmehr handelt es sich um Sammelfrüchte, die sich aus einzelnen, kugeligen Steinfrüchten zusammensetzen. Auch bei Bienen und damit ebenso bei den Imkern sind Himbeersträucher sehr beliebt, besteht doch der Nektar ihrer Blüten bis zu 70 % aus reinem Zucker.

Die Blätter bestehen aus drei, fünf oder sieben Teilblättchen, in der Blüte spitzen die hellgrünen Kelchblätter zwischen den rundlichen, weißen Kronblättern hindurch.

VORKOMMEN in lichten Wäldern und Gebüschen, an Waldrändern und -lichtungen, an Ufern und trockenen Böschungen, in alten Steinbrüchen; fast überall in Europa häufig

GRÖSSE 50 – 150 cm hoch wachsender Strauch mit langen, meist bogig überhängenden Trieben

SAMMELGUT Früchte, Blätter, Blüten

VERWENDUNG Ob man die weichen, reifen Himbeeren roh isst, oder aber ob man sie zu Saft, Marmelade oder Kompott verkocht, immer sind sie eine süße Köstlichkeit. Auch zu Wein oder Spirituosen werden sie gern verarbeitet. Im Frühjahr eignen sich die jungen, noch weichen Blätter für Spinatzubereitungen oder um sie gehackt in Salate oder zu Gemüse zu geben. Die Blüten stellen eine zauberhafte essbare Speisendekoration dar.

Typisch

An den weißfilzigen Blattunterseiten und den dunkelroten, kleinen Stacheln der Triebe sind die Himbeeren eindeutig zu erkennen.

BLÜTEZEIT/FRUCHTZEIT

J	F	M	A	M	J	J	A	S	O	N	D

Buchweizen

Fagopyrum esculentum

Die Früchte, kleine, dunkelbraune, dreikantige Nüsse, erinnern an Bucheckern, was zum Namen Buchweizen führte. »Weizen« deshalb, weil sie seit alters zu Mehl vermahlen wurden, wenngleich die Pflanze kein Getreide ist. Der asiatische Buchweizen kam mit Dschingis Khan und seinen Mongolen Ende des Mittelalters nach Europa. Weil er auch mit kargen Sandböden auskam, wurde er bald verbreitet angebaut. Erst als ab dem 17. Jahrhundert die Kartoffel die Vorrangstellung übernahm, geriet der Buchweizen fast in Vergessenheit.

VORKOMMEN beheimatet in Mittel- und Ostasien; bei uns landwirtschaftlich angebaut (auf kalkarmen Sandböden), an vielen Stellen verwildert am Wegrand und in Unkrautgesellschaften

GRÖSSE 20 – 60 cm hohe, einjährig wachsende Pflanze

SAMMELGUT Samen (im Herbst von den Triebspitzen abstreifen und trocknen)

VERWENDUNG Die weichen, mehlig schmeckenden Samenkörner lassen sich wie Getreide schroten und zu Grütze oder Gemüsebratlingen verarbeiten. Oder man mahlt sie zu Mehl und mischt sie mit Milch für Breie oder Desserts. Zum Backen von Kuchen oder Brot sollte das Buchweizenmehl durch Getreidemehl ergänzt werden, da ihm das Gluten (»Klebereiweiß«) fehlt. Genau dies macht es aber geeignet für Menschen mit Gluten-Unverträglichkeit.

Im unteren Bereich des Blütenstands entwickeln sich schon die dreikantigen Nüsse, während am oberen Ende noch reichlich Blüten stehen.

Typisch

Die kurzen, zarten Blütentrauben entspringen stets den Achseln der herz- bis pfeilförmigen Laubblätter.

Bärlauch

Allium ursinum

Zwar war der heimische »Waldknoblauch« schon im Mittelalter als Würz- und Heilpflanze in Gebrauch, versank jedoch zwischenzeitlich fast in Vergessenheit. Seit einigen Jahren erlebt das vielseitige Wildkraut eine wahre Renaissance in der Küche. Sein starker Knoblauchduft führt, anders als beim echten Knoblauch, nach dem Genuss nicht anhaltend zu üblem Mundgeruch.

Der Blütenstand wird umschlossen von 2 – 3 großen, zugespitzten Hüllblättern, die nach dem Aufblühen eintrocknen und bald abfallen.

Wenn das giftige Maiglöckchen erst einmal blüht, ist es leicht vom Bärlauch zu unterscheiden.

VORKOMMEN in Laub-, Misch- und Auwäldern, oft massenhaft

GRÖSSE 20 – 40 cm hohe Zwiebelpflanze

SAMMELGUT Blätter (vor der Blüte), Blütenknospen und Blüten

VERWENDUNG Die Blätter lassen sich wie Lauchzwiebeln oder Knoblauch gehackt zu Gemüsegerichten, Saucen, Pesto, Kräuterbutter oder Kräuterquark verwenden. Roh verarbeitet haben sie viel mehr Aroma als gekocht. Die Blütenknospen kann man in Essig und Öl einlegen oder ähnlich wie Kapern in Salzlake. Die hübschen Blütensterne zieren alle deftigen Speisen.

ACHTUNG! Die Blätter des stark giftigen Maiglöckchens und der Herbstzeitlosen können mit denen des Bärlauchs verwechselt werden. Aber nur die Blätter des Bärlauchs sind deutlich gestielt, die der beiden Giftpflanzen sind ungestielt.

BLÜTEZEIT

J	F	M	A	M	J	J	A	S	O	N	D

Typisch

Bärlauchblätter verströmen, wenn man sie zwischen den Fingern zerreibt, einen intensiven Geruch nach Knoblauch.

Giersch

Aegopodium podagraria

Was des einen Leid, ist des andern Freud. Das gilt bei den Wildkräutern besonders für den Giersch oder Geißfuß. Während ihn der Gartenfreund als ein unausrottbares Unkraut verdammt, schätzt ihn der Kräuterkoch als sehr vitamin- und mineralstoffreiche Salat- und Gemüsezutat. Seit dem Mittelalter war der Giersch zudem ein hochgeschätztes Mittel gegen Rheuma und Gicht. Sein wissenschaftlicher Name leitet sich von »Podagra« her, wie man früher einen Gichtanfall im Fuß nannte.

VORKOMMEN am Rand von Laub- und Mischwäldern, entlang von Gebüschen und Zäunen, in Gärten; häufig

GRÖSSE 30 – 90 cm hohe Staude

SAMMELGUT junge Blätter (die alten werden bitter), Blüten, Früchte

Die unteren Teilblättchen sind oft zweilappig und erinnern an den Huf einer Ziege. So kam die Pflanze zu ihrem volkstümlichen Namen Geißfuß.

VERWENDUNG Die Blätter, die im Aroma an Petersilie erinnern, schmecken roh in Mischsalaten oder als Gemüsegewürz ebenso wie gekocht in Mischgemüsen oder als eine Art Spinat. Dieselbe Verwendung können Blütenknospen, Blüten und Blattstiele finden. Die kümmelähnlichen Früchte dienen frisch oder getrocknet als Gewürz.

BLÜTEZEIT/FRUCHTZEIT

J	F	M	A	M	J	J	A	S	O	N	D

Typisch

Die Blattstiele sind bis zu 20 cm lang und deutlich dreikantig.

Wilde Möhre

Daucus carota

Die Wilde Möhre ist, zusammen mit einigen mediterranen und vorderasiatischen Unterarten, die mit ihr gekreuzt wurden, eine Stammmutter unserer Gemüsemöhren. In ihrer dicken Pfahlwurzel, die sich im ersten Sommer entwickelt, lagert die Pflanze viel Zucker ein, was sie noch süßlicher schmecken lässt als die Karotten aus dem Supermarkt. Oberirdisch bringt die Wilde Möhre im ersten Jahr nur eine Blattrosette hervor, erst im zweiten Jahr schiebt sie den hohen Blütenstängel nach.

VORKOMMEN in Wiesen, Halbtrockenrasen, Weg- und Feldrainen

SAMMELGUT Wurzel, Blätter, Blüten, Samen

GRÖSSE 30 – 100 cm hohe, zweijährig wachsende Pflanze

VERWENDUNG Wenn man die Wurzeln vom Herbst des ersten bis zum Frühjahr des zweiten Wuchsjahres ausgräbt, sind sie noch weich. Man kann sie roh genauso essen wie gekocht – eben wie Möhren. Junge, noch zarte Blätter und auch die Samen verleihen Salaten, Gemüse und Suppen ein petersilien- bis anisartiges Aroma. Die Blüten stellen nicht nur eine essbare Speisendekoration dar, sie schmecken auch gut, wenn man sie in Ausbackteig frittiert.

Typisch

Die fein zergliederten Blätter duften, wenn man sie zwischen den Fingern reibt, süßlich nach Möhren.

ACHTUNG! Die Wilde Möhre kann mit der sehr giftigen Hundspetersilie (*Aethusa cynapium*, kleines Bild rechts) verwechselt werden. Bei dieser sind jedoch im Blütenstand an der Außenseite jedes Döldchens je drei herabhängende Hüllblättchen zu erkennen.

BLÜTEZEIT

J	F	M	A	M	J	J	A	S	O	N	D

In der Mitte des dichten Blütenstands sitzt stets eine einzelne dunkel-violette bis schwarze Blüte, die sogenannte »Mohrenblüte«.

Die giftige Hundspetersilie hat sehr ähnliche Blätter wie die Wilde Möhre, aber anders als diese an jedem Teildöldchen im Blütenstand kleine, zipfelig herabhängende Hüllblätter.

Waldengelwurz

Angelica sylvestris

Typisch

Vor allem die großen Blattscheiden fallen ins Auge, die den Stängel umfassen und blasig aufgetrieben sind.

Der Sage nach hat einst ein Engel die stattliche Staude den Menschen gezeigt als Heilmittel gegen vielerlei Leiden, von Rheuma über Magen-Darm-Probleme bis hin zu Bronchitis. Wirksam ist hier vor allem die Wurzel, die auch in so manchem Kräuterlikör enthalten ist. Alles an der Waldengelwurz ist groß: Der aus bis zu 50 Teil-Döldchen zusammengesetzte Blütenstand, der hohe, daumendicke Stängel und die zwei- bis dreifach gefiederten Blätter, die bis zu 50 cm Gesamtlänge erreichen. Wenngleich mehrjährig, blüht die Staude doch nur ein einziges Mal, oft erst nach 6 – 8 Jahren. Danach stirbt sie ab.

VORKOMMEN in Auwäldern, auf Nasswiesen und an Ufern

GRÖSSE bis 1,50 m, manchmal bis 2 m hohe Staude

SAMMELGUT Jungtriebe, junge Blätter, Blattstängel, Blütenknospen und Blüten, Wurzel

Der ähnlich große, aber hochgiftige Gefleckte Schierling hat keine auffälligen Blattscheiden. Außerdem trägt sein Stängel im unteren Bereich rotbraune Flecken.

VERWENDUNG Austriebe, Blätter und (geschälte) Blattstängel kann man vor der Blüte roh als Salatzutat essen, gekocht als Gemüse oder in einer Suppe. Die Stängel schmecken, gesüßt, als würziges Kompott oder als kandierte Süßigkeit. Probieren Sie auch die großen Blütenknospen, sei es roh, gebraten oder gedünstet. Die geöffneten Blüten ergeben eine hübsche Dekoration für Desserts oder Getränke.

ACHTUNG! Die Waldengelwurz kann mit dem gefährlich giftigen Gefleckten Schierling (*Conium maculatum*, kleines Bild) verwechselt werden. Doch dieser hat feinere, mehrfach gefiederte Blätter und verströmt einen intensiven und ausgesprochen unangenehmen Geruch nach Mäuseharn.

BLÜTEZEIT/FRUCHTZEIT

J	F	M	A	M	J	J	A	S	O	N	D

Wiesenkümmel

Carum carvi

Die Blütenstände haben ungleich lange »Strahlen«, das heißt, sie setzen sich aus verschieden lang gestielten Döldchen zusammen.

Zwei Gewürze hatten wohlhabende Römer bei ihren Gelagen gerne am Tisch stehen, das Salz und den Kümmel. Letzteren musste man damals noch aus Asien importieren, was ihn begehrt und teuer machte. Heute trifft man den Echten oder Wiesenkümmel ebenso in ganz Europa an, nicht nur angebaut, sondern überall auch verwildert. Seine Früchte, die reich an ätherischen Ölen sind, haben nicht nur als Gewürz, sondern auch medizinisch große Bedeutung.

VORKOMMEN auf Wiesen und Weiden, an Wegrändern und Böschungen; vor allem im Bergland

GRÖSSE 30 – 90 cm hohe, zweijährig wachsende Pflanze

SAMMELGUT Blätter, Blüten und Samen

VERWENDUNG Junge Blätter würzen Salate und Gemüse, die Blütendolden kann man Gemüse und Suppen zugeben oder sauer Eingelegtem beifügen. Die Samen werden wie käuflicher Kümmel verwendet, etwa zu Brot, Käse oder Kohlgerichten. Sie fördern dank ihrer enthaltenen ätherischen Öle die Verdauung und lösen Blähungen und Krämpfe.

Typisch

Alle Pflanzenteile, vor allem aber die charakteristischen sichelförmigen Samen geben beim Zerreiben den typischen Kümmelgeruch ab.

BLÜTEZEIT/FRUCHTZEIT

J	F	M	A	M	J	J	A	S	O	N	D

Wiesenkerbel

Anthriscus sylvestris

Typisch

Die schmalen, geraden Kerbelsamen sind etwa 1 cm lang und färben sich in der Reife dunkel. Sie tragen am Ende zwei kurze Schnäbel.

Der stark wüchsige Wiesenkerbel eröffnet mit seinen zarten Blütenständen schon im April den Reigen der heimischen Doldenblütler. Er schätzt stickstoffreichen Boden, und so wächst er in überdüngten Wiesen oft massenhaft – was ihn bei den Landwirten nicht eben beliebt macht. Für die Weidetiere ergibt er ein wenig wertvolles Futter, auch im Heu schätzt das Vieh seine harten Stängel ganz und gar nicht.

VORKOMMEN an Waldrändern, Heckensäumen, Böschungen und Wegrändern, auf überdüngten Wiesen oft massenhaft

GRÖSSE 60 – 150 cm hohe, zwei- oder mehrjährig wachsende Staude

SAMMELGUT Blätter und Blütenknospen, Samen

VERWENDUNG Das Kraut des Wiesenkerbels nutzt man, frisch oder getrocknet, als Gewürz für Gemüse, Suppen und Eierspeisen, Blütenknospen schmecken gut im Salat. Die Samen finden wie die des Gartenkerbels als Küchengewürz Verwendung.

ACHTUNG! Der Wiesenkerbel kann mit stark giftigen Pflanzen verwechselt werden. Anders als beim Gefleckten Schierling (*Conium maculatum*) ist sein grüner Stängel jedoch nie gefleckt, und im Gegensatz zur Hundspetersilie (*Aethusa cynapium*) tragen die einzelnen Döldchen des Blütenstands nicht je drei herabhängende Hüllblätter.

BLÜTEZEIT/FRUCHTZEIT

J	F	M	A	M	J	J	A	S	O	N	D

Insekten lieben die Blüten des Kerbels, präsentieren sie doch ihren Nektar ganz obenauf, was ihn auch für Fliegen und Käfer mit kurzem Rüssel gut zugänglich macht.

Sellerie

Apium graveolens

Es gibt schriftliche Überlieferungen aus dem alten Ägypten, dass der Wildsellerie dort bereits im 1. Jahrtausend v. Chr. als Heilpflanze genutzt wurde. Auch die Griechen kannten und verwendeten ihn. Von diesen übernahmen es die alten Römer, die die Nutzung sodann in ihre Provinzen nördlich der Alpen trugen. Man setzte ihn gegen Arthritis, Rheuma und Gicht ebenso ein wie bei Atemwegserkrankungen. Unsere Bezeichnung Sellerie übrigens geht auf die sizilianische Stadt Selinunt zurück, die am Fluss Selinus liegt. In dessen feuchten Niederungen wuchs einst so viel Sellerie, dass ein Sellerieblatt zum Stadtwappen wurde.

Die Blätter des Selleries sind einfach gefiedert, die Teilblättchen in ihrem Umriss rautenförmig.

Während die Wildform des Selleries noch eine kaum verdickte Pfahlwurzel besitzt, weist der kultivierte Knollensellerie die charakteristische »Knolle« auf.

VORKOMMEN nur auf schlammig-salzhaltigem Boden; Wildform ursprünglich an der Mittelmeerküste, heute in Mitteleuropa an der Nord- und Ostseeküste und einigen Salzquellen im Bergland; Kulturpflanzen an stickstoffreichen Stellen verwildert

GRÖSSE 30 – 80 cm hohe krautige Pflanze

SAMMELGUT Blätter und Blattstiele, Wurzelknolle

VERWENDUNG Sellerieblätter würzen Suppen und Salate. Die fleischigen Stängel ebenso wie die verdickten Rüben (»Knollen«), die im Herbst geerntet werden, schmecken sowohl roh wie auch gedünstet und dienen in der europäischen Küche als klassisches Suppengewürz.

Typisch

Die ganze Pflanze riecht sehr intensiv. Ihre Blütendolden setzen sich nur aus höchstens 12 Strahlen zusammen, Hüllblätter fehlen gänzlich.

BLÜTEZEIT

J	F	M	A	M	J	J	A	S	O	N	D

Große Bibernelle

Pimpinella major

Während die Bibernelle, auch Pimpinelle genannt, heute hauptsächlich als Gewürz verwendet wird, war sie im Mittelalter eine hochgeschätzte Heilpflanze. Man setzte sie damals gegen Pest und Cholera ein. Heute empfiehlt sie die moderne Pflanzenmedizin vor allem als hustenlinderndes Mittel. Das Weidevieh hingegen frisst die Bibernelle nicht gern, weshalb auch der Landwirt sie nicht besonders schätzt. Im Heu zerbröseln ihre Blätter fast zu Staub.

VORKOMMEN auf Fettwiesen und Viehweiden, in Hochstaudenfluren und auf Bergwiesen

GRÖSSE 40 – 100 cm hohe Staude

SAMMELGUT Blätter und Blüten, Samen

VERWENDUNG Junge Blätter und Stängel, die im Geschmack an Gurken erinnern, kann man gut roh essen, etwa in Salaten und Dressings, aber auch in Gemüse mitkochen. Die intensiv herb-süß schmeckenden Blütendolden sind nicht nur essbare Speisendekoration, sondern würzen auch Essige und Öle, ebenso wie die aromatischen Samen.

BLÜTEZEIT

J	F	M	A	M	J	J	A	S	O	N	D

Typisch

Vor allem, solange die Einzelblüten noch knospig sind, erscheint der Blütenstand oft deutlich rosa.

Echtes Mädesüß

Filipendula ulmaria

Die stattliche Staude verdankt ihre Bezeichnung nicht etwa einem besonders süßen Mädchen, sondern dem intensiven süßlichen Duft, den die Pflanze bei der Mahd verbreitet. Oft wird sie auch Spierstaude genannt, ein Name, der sich im bekannten Schmerzmittel Aspirin wiederfindet. Schon jahrhundertelang kannte man die schmerzlindernde Wirkung der süßlichen Blüten. Mitte des 19. Jahrhunderts gelang es, die wirksame Substanz aus den Blüten zu isolieren. Bald wurde der Stoff zwar, in leicht abgewandelter Form, auch synthetisch hergestellt, doch in dem 1899 beim Patentamt Berlin eingetragenen Namen Aspirin hat man der Spierstaude ein Denkmal gesetzt.

VORKOMMEN in feuchten Wiesen und Gräben, in Flachmooren, an Bach- und Flussufern

GRÖSSE 1 – 1,50 m hohe Staude

SAMMELGUT Blätter und Blüten

VERWENDUNG Junge, noch weiche Blätter lassen sich gut Mischsalaten oder Gemüse zugeben. Die Blüten kann man verwenden, um Getränke zu aromatisieren, aber auch, um Süßspeisen, Gelees oder Sahne einen honig-mandelartigen Geschmack zu verleihen.

BLÜTEZEIT

J	F	M	A	M	**J**	**J**	**A**	S	O	N	D

Typisch

Die zarten, aber üppigen Blütenstände verströmen einen süßlichen Geruch, der an Mandeln erinnert.

Gänseblümchen

Bellis perennis

Das aparte, kleine Wiesenblümchen ist allbekannt. Maßliebchen wird es auch genannt, oder auch Marienblume. Seit Jahrhunderten verwenden es verliebte Mädchen als Orakelblume, indem sie seine weißen Zungenblüten einzeln auszupfen und dabei mitsprechen: »Er liebt mich – er liebt mich nicht – er liebt mich …«

Die Blütenköpfchen, die einzeln auf bis zu 15 cm hohen Stängeln stehen, richten sich tagsüber nach dem Sonnenstand aus und schließen sich nachts oder bei Regenwetter.

VORKOMMEN vor allem auf regelmäßig gemähten Wiesen und kurz gehaltenen Weiden, an Wegrändern mit niedriger Vegetation und in Zierrasen; überaus häufig

GRÖSSE nur 5 – 15 cm hohe Staude

SAMMELGUT junge Blätter, Blütenköpfchen und Knospen

Typisch

Auf der Unterseite zeigen die weißen Zungenblüten des Gänseblümchens häufig eine rosa Tönung.

VERWENDUNG Junge, zarte Gänseblümchenblätter gehören im Grunde in jeden Wildkräutersalat, auch in Gemüsegerichten machen sie sich gut, ebenso in Kräuterquark. Sie enthalten viel mehr Vitamine und Mineralstoffe als Kopfsalat. Die Blütenköpfchen sehen in Salaten und auf belegten Broten höchst dekorativ aus. Aus den Blütenknospen kann man »Falsche Kapern« machen, indem man sie in Salzlake einlegt.

BLÜTEZEIT

J	F	M	A	M	J	J	A	S	O	N	D

Echte Kamille

Chamomilla recutita/Matricaria recutita

Ursprünglich stammt die Echte Kamille aus dem östlichen Mittelmeergebiet. Heute ist sie jedoch in praktisch ganz Europa eingebürgert, dazu noch in Nordamerika und sogar in Australien. Ihre Blüten werden vielfach arzneilich verwendet, die enthaltenen Stoffe wirken entzündungshemmend und antibakteriell, krampflösend und als Magenmittel. Allein in Deutschland besteht jährlich eine Nachfrage von rund 5000 t Kamillenblüten.

VORKOMMEN auf Äckern, Ödland und Schuttplätzen, an Wegrändern; auf kalkarmen Lehmböden

GRÖSSE 20 – 50 cm hohe einjährige Pflanze

SAMMELGUT Blüten, Blütenknospen und Blätter

VERWENDUNG Die Blüten werden nicht nur zu Heiltees und Hausteemischungen aufgegossen, auch Kräuterlimonade und Bowle lassen sich damit aromatisieren. Man kann die Blütenköpfchen frisch verarbeiten, aber auch getrocknet bewahren sie ihr Aroma sehr gut. Die Blütenknospen ergeben ein angenehmes Gewürz für Sauerkonserven, gehackte Blätter würzen vielerlei Speisen.

BLÜTEZEIT

J	F	M	A	M	J	J	A	S	O	N	D

Typisch

Neben dem charakteristischen Kamillenduft ist der hohle Blütenboden das sicherste Kennzeichen der Echten Kamille.

Gewöhnliche Schafgarbe

Achillea millefolium

Typisch

Die farnartig fein zergliederten Blätter der Schafgarbe duften beim Zerreiben aromatisch-würzig.

Die Gewöhnliche oder Wiesen-Schafgarbe leistet dem Menschen schon seit sehr alter Zeit gute Dienste. Der Gattungsname Achillea leitet sich vom griechischen Sagenheld Achilles ab. In der Dichtung »Ilias« von Homer steht über ihn geschrieben, dass er die Wunden seiner Soldaten und Freunde mit Schafgarbeblättern zu heilen wusste. Noch heute wird in der Pflanzenmedizin das Kraut bei Hautwunden eingesetzt, aber auch bei Halsentzündung und Magen-Darm-Beschwerden. In früheren Jahrhunderten gab man in Mittel- und Nordeuropa die bittere Schafgarbe dem Bier als Würze zu, ehe sich der Hopfen als Bierwürze allgemein durchsetzte.

VORKOMMEN in trockenen Wiesen und Weiden (Schafweiden!), an Böschungen und Wegrändern; auf Dämmen Pionierpflanze, die mit ihren bis zu 90 cm tiefen Wurzeln den Boden festigt

GRÖSSE 20 – 60 cm hohe Staude

SAMMELGUT junge Blätter (vor der Blütezeit), Blüten

VERWENDUNG Die gehackten Blätter würzen Salate, Suppen, Saucen und Gemüsegerichte, werden aber wegen ihres herben bis scharfen, muskatartigen Geschmacks am besten nur in geringer Dosierung verwendet. Vielerorts zählt die Schafgarbe zu den neun Kräutern, die traditionell in die Gründonnerstagssuppe gehören. Die Blüten kann man als Würze für sauer Eingelegtes oder für Brotaufstriche verwenden oder einem Kräutertee beigeben.

Die fein ziselierten Blätter gaben Anlass für den wissenschaftlichen Artnamen: Millefolium *heißt auf Lateinisch Tausendblatt.*

BLÜTEZEIT

J	F	M	A	M	J	J	A	S	O	N	D

Franzosenkraut

Galinsoga parviflora

Eigentlich ist die Heimat des zarten Pflänzchens Südamerika. Naturforscher brachten es um 1800 von Kolumbien nach Europa und pflanzten es in Botanischen Gärten. Rasch merkte man, dass das Franzosenkraut oder Kleinblütige Knopfkraut, wie es auch genannt wird, eine wertvolle Gründüngerpflanze darstellt und außerdem auch noch gut schmeckt. Daher säte man es landwirtschaftlich aus. Das war gleichsam der Startschuss für seine Verbreitung über Europa und Asien. Heute ist es längst in vielen Teilen Europas heimisch.

VORKOMMEN auf nährstoffreichen Böden in sommerwarmen Gegenden, meist als Gartenunkraut, in Äckern und Weinbergen, auf siedlungsnahem Brachland, an Wegrändern

GRÖSSE 20 – 60 cm hoch wachsende, einjährige Pflanze

SAMMELGUT das ganze Kraut, Samen

VERWENDUNG Die Stängel samt Blättern und Blüten, ergeben einen schmackhaften Salat, der im Aroma an Kopfsalat erinnert. Gekocht wird das Kraut zu einem leckeren Wildgemüse. Wer die reifen Samen aus den Blütenköpfchen herausschüttelt und trocknet, kann sie im Winter auf der Fensterbank zu Sprossen keimen lassen.

Die weißen Zungenblüten des Franzosenkrauts sind dreizackig.

Beim Behaarten Knopfkraut (Galinsoga ciliata) *ist die Behaarung an Blättern und Stängeln viel stärker ausgeprägt.*

Typisch

Wo das Gänseblümchen einen dichten weißen Strahlenkranz hat, sitzen beim Franzosenkraut nur fünf kleine, weiße Blütenblättchen.

BLÜTEZEIT/FRUCHTZEIT

J	F	M	A	M	J	J	A	S	O	N	D

Zitronenmelisse

Melissa officinalis

Nicht nur als Tee-, Gewürz- und Heilpflanze wird die Melisse oder Zitronenmelisse angebaut, sondern auch als Bienenweide. Ihr Name hängt mit dem griechischen »melitos« = »des Honigs« zusammen, heißt also so viel wie Pflanze des Honigs, werden doch ihre nektarreichen Blüten sehr gerne von Bienen besucht. Auch uns Menschen mundet die Würzpflanze sehr, dazu ist sie noch überaus gesund. 100 g frische Melisse enthalten rund 250 mg Vitamin C, immerhin das Fünffache von Orange und Zitrone.

Die weißlichen Lippenblüten der Melisse stehen in Quirlen in den Achseln der oberen Blätter.

VORKOMMEN beheimatet im östlichen Mittelmeergebiet; bei uns in Gärten angebaut, in klimatisch günstigen Gebieten regelmäßig verwildert, dann an Zäunen, trockenen Böschungen, auf siedlungsnahem Brachland und an sonnigen Waldrändern zu finden

GRÖSSE 30 – 90 cm hohe, buschige Staude

SAMMELGUT Blätter

VERWENDUNG Die frischen Blätter der Zitronenmelisse verleihen Salaten inklusive Obstsalaten eine zitronige Note, ebenso z.B. Frischkäse und Dipsaucen. (Getrocknet oder gekocht büßen die Blätter viel von ihrem Aroma ein.) Auch einen erfrischenden Tee kann man mit ihnen bereiten. Dank der enthaltenen ätherischen Öle, Gerbstoffe und Flavonoide wirkt Melisse beruhigend, krampflösend und antibakteriell. Man wendet sie daher bei nervösen Beschwerden und Schlafstörungen ebenso an wie bei Magen-Darm-Problemen.

Typisch

Zerreibt man die Blätter zwischen den Fingern, verströmen sie einen intensiven, süßlichen Zitrusgeruch.

BLÜTEZEIT

J	F	M	A	M	J	J	A	S	O	N	D

Blaue Blütenfarbe

Typisch

Die ovalen, leicht gezackten Blätter der Bachbunge fühlen sich fleischig an.

Bachbunge

Veronica beccabunga

Am Rand kleinerer Fließgewässer bildet die Bachbunge, auch Bach-Ehrenpreis genannt, oft große, teppichartige Bestände. Vor allem in Forellenbächen ist sie ein geschätzter Bewuchs, sammeln sich doch in ihren untergetauchten Pflanzenteilen eine Menge kleiner Wassertiere, die den Fischen als Nahrung dienen. Auch die Menschen wussten schon früh ihren Nutzen aus der verbreitet wachsenden Pflanze zu ziehen. Im Mittelalter setzten sie das stark Vitamin-C-haltige Kraut als wirksames Mittel gegen Skorbut ein.

VORKOMMEN an Ufern von Flüssen, Bächen und Gräben, in Nasswiesen

GRÖSSE 20 – 50 cm hohe, krautige Pflanze

SAMMELGUT Blätter und Triebspitzen, Blüten

Die Bachbunge wächst stets auf nassem Boden oder direkt im flachen Wasser.

VERWENDUNG Roh lassen sich die knackigen, kresseartig und leicht bitter schmeckenden Blätter kleingehackt als Gewürz in Salaten und Gemüsegerichten nutzen. In etwas Öl gedünstet, ergeben sie ein spinatähnliches Blattgemüse. (Weil sich aber beim Kochen die Bitternote deutlich verstärkt, am besten mit anderem Gemüse mischen.) Die Blütchen können Sie frisch als essbare Dekoration an Speisen geben oder getrocknet als farbige Beigabe zu Teemischungen. Ihr intensives Himmelblau bleibt beim Trocknen erhalten.

BLÜTEZEIT

J	F	M	A	M	J	J	A	S	O	N	D

Typisch

Die rötlichen, abstehend behaarten Stängel werden bis zu 50 cm lang. Sie wachsen aber liegend und richten sich nur an ihrem Ende auf.

Persischer Ehrenpreis

Veronica persica

Der Name des zarten Pflänzchens ist etwas irreführend: Nicht Persien, sondern der Kaukasus ist seine ursprüngliche Heimat. Seit Beginn des 19. Jahrhunderts ist es auch in Europa eingebürgert. Als ausgesprochenen »Kulturfolger« findet man den Persischen Ehrenpreis stets im Umfeld menschlicher Siedlungen, dort aber inzwischen praktisch überall. Als einjähriges Gewächs muss er dafür sorgen, sich am Wuchsort jeweils neu auszusäen. Dazu wachsen die Blütenstiele vor der Fruchtreife stark in die Länge und wenden sich vom Licht ab. Auf diese Weise werden die kleinen Samenkapseln aktiv in den Boden hineingeschoben.

VORKOMMEN an sonnigen Stellen in Äckern, Weinbergen, an Wegen, in Gärten

GRÖSSE 10 – 30 cm hohe, einjährig wachsende Pflanze

SAMMELGUT Blätter und Triebspitzen, Blüten

Die kleinen Blüten mit dem weiß-grünen »Auge« strahlen in leuchtendem Blau.

VERWENDUNG Blätter und Triebspitzen stellen eine aromatische Zutat für Salate, Kräuterquark, Eierspeisen, Suppen oder Eintöpfe dar. Auch als gesunder, verdauungsfördernder Tee, der ähnlich bitter wie Schwarztee schmeckt, werden sie geschätzt. Die zarten, blauen Blüten sehen als essbare Dekoration auf Quark, Frischkäse oder einem einfachen Butterbrot entzückend aus.

BLÜTEZEIT

J	F	M	A	M	J	J	A	S	O	N	D

Typisch

Charakteristisches Kennzeichen für das Echte Lungenkraut sind runde und scharf abgegrenzte, weißliche Flecken auf den Blättern.

Echtes Lungenkraut

Pulmonaria officinalis

Weil die frühen Mediziner feststellten, dass die fleckigen Blätter dieses Krauts einer kranken Lunge gleichen, sprach man ihnen Heilkräfte bei Lungenerkrankungen zu. Eine Annahme, die sich in der modernen Medizin nicht bestätigt hat. Geblieben ist jedoch der Name der Pflanze. Der auffällige Farbwechsel ihrer Blüten beruht darauf, dass der verantwortliche Farbstoff selbst seine Farbe wechselt, in Abhängigkeit vom Säuregrad des Zellsafts. Mit zunehmendem Alter der Blüte nimmt die Säure im Zellsaft stark ab – und die Blüte wird blau.

VORKOMMEN in Laub- und Mischwäldern, an feuchten Waldrändern, in Gebüschen

GRÖSSE 15 – 30 cm hohe, krautige Pflanze

SAMMELGUT Blätter und Blüten

VERWENDUNG Im Frühjahr, wenn die Blätter noch jung und zart sind, kann man sie gut Blattsalaten zumischen, im Sommer kocht man sie besser zu Spinat, Suppen oder Gemüsegerichten. Manche schätzen sie besonders, wenn sie in Ausbackteig frittiert sind. Im Geschmack erinnern sie ein wenig an Gurken. Die Blüten sehen, klein geschnitten, hübsch aus in Kräuterquark oder Omeletts, getrocknet verleihen sie Teemischungen Farbe.

BLÜTEZEIT

J	F	M	A	M	J	J	A	S	O	N	D

Die Blüten sind beim Aufblühen zunächst rosarot und werden zunehmend violettblau, sodass in einem Blütenstand verschiedenfarbige Blüten beieinanderstehen.

Echter Lein

Linum usitatissimum

Der Echte Lein oder Flachs ist eine Kulturpflanze – was nicht bedeutet, dass er nicht gelegentlich verwildert. Er stammt wohl ursprünglich von einer im Mittelmeerraum heimischen, zweijährigen Leinart ab, die aber bereits 7500 v. Chr. in Mesopotamien in Kultur genommen und zur heutigen Form verändert wurde. Aus den langen Fasern seiner Stängel fertigt man bis heute Leinengewebe. Aus den stark ölhaltigen Samen wird Leinöl gepresst, das als Speiseöl geschätzt wird, aber auch zu Farben, Lacken und Kosmetika verarbeitet wird.

VORKOMMEN fast ausschließlich auf Feldern angebaut, gelegentlich aber in deren Umgebung verwildert

GRÖSSE 30 – 90 cm hohe, einjährige Pflanze

SAMMELGUT Samen

VERWENDUNG Die reifen Leinsamen werden Müslis, Vollkorngebäck und Brätlingen zugesetzt. Außerdem sind sie seit Langem als Heilmittel bekannt. Die Körnchen stellen ein schonendes Abführmittel dar. Überdies können Leinsamen eine Senkung des Cholesterinspiegels und des Blutzuckers bewirken.

BLÜTEZEIT/FRUCHTZEIT

J	F	M	A	M	J	J	A	S	O	N	D

Fünf breite, himmelblaue Kronblätter formen den bis zu 3 cm breiten Blütenbecher.

Typisch

Blühende Leinfelder sehen am späten Vormittag am schönsten aus. Die einzelnen Blüten öffnen sich jeweils am Vormittag und beginnen schon kurz nach Mittag ihre Blütenblätter abzuwerfen.

Typisch

Die Blüten sind gleich nach der Knospenöffnung rosa, färben sich dann kräftig blau, um kurz vor dem Verwelken oft wieder einen Rosaton anzunehmen.

BLÜTEZEIT

J	F	M	A	M	J	J	A	S	O	N	D

Borretsch

Borago officinalis

Es sollen die Araber gewesen sein, die den Borretsch mit nach Europa brachten, als sie im 8. Jahrhundert in Spanien einfielen. Von dort machte die attraktive Würzpflanze dann ihren Weg durch ganz Europa. Weil sich ihre Blätter durch einen gurkenähnlichen Geschmack auszeichnen, hat sich für das Kraut auch der deutsche Name Gurkenkraut eingebürgert. Der Apotheker setzt den Borretsch heute als harn- und schweißtreibendes Mittel ein, ein Wirkung, die bereits im arabischen Ursprungsland bekannt war.

VORKOMMEN ursprünglich beheimatet am östlichen Mittelmeer und in Kleinasien; bei uns als Gewürzpflanze angebaut, in der Nähe von Gartenland häufig verwildert

GRÖSSE 20 – 50 cm hohe, einjährig wachsende Pflanze

SAMMELGUT junge Blätter, Blüten

VERWENDUNG Frisch und gehackt kann man die Blätter in Salaten, Saucen, Mayonnaisen oder Kräuterquark genießen, gekocht als Blattgemüse. Borretsch ist klassischer Bestandteil der Frankfurter Grünen Sauce und kommt beim Einlegen von Gurken zum Einsatz. Die blauen Blütensterne sind eine reizende Speisendekoration. Auch kandiert machen sie sich gut.

Mit seinen sternförmig angeordneten Blütenblättern ist der Borretsch auch optisch ein echter Augenschmaus.

ACHTUNG! Borretschblätter enthalten geringe Mengen von Alkaloiden, die als schädlich für die Leber gelten. Daher das Kraut nicht regelmäßig und in größeren Mengen essen! Ein gelegentlicher Genuss ist unbedenklich. In den Blüten übrigens ist die Substanz nicht enthalten.

Schnittlauch

Allium schoenoprasum

Weil die röhrenartigen Blätter des Schnittlauchs allesamt am Grund des Stängels ansetzen und durch die Bildung von Tochterzwiebeln aus einer Hauptzwiebel mit der Zeit dichte Horste entstehen, sieht Schnittlauch auf den ersten Blick wie Grasbüschel aus. Er enthält ähnliche Lauchöle wie Zwiebeln oder Knoblauch, nur in geringerer Konzentration. Während man ihn heute nur noch als deftiges Gewürz nutzt, ist er in den Kräuterbüchern des Mittelalters noch als Heilpflanze aufgeführt. Er sollte sowohl bei Blähungen wie bei Nasenbluten helfen.

VORKOMMEN wild im Gebirge auf feuchtem Steinschutt, sonst in Gärten und auf Feldern angepflanzt, nicht selten verwildert, vor allem an Flussufern mit Schotterbänken

GRÖSSE 20 – 40 cm hohes Zwiebelgewächs

SAMMELGUT Blätter, Blüten

VERWENDUNG Die Blätter isst man roh und kleingeschnitten als würzige Zutat z.B. zu Salaten, Suppen, Quark und Kartoffelsalat. Beim Kochen würden sich die wertvollen Inhaltsstoffe größtenteils zersetzen. Die Blüten schmücken als essbare Dekoration kalte Platten und andere deftige Speisen.

Bis zu 50 violettblaue Einzelblüten bilden am Ende des glatten, runden Stängels einen dichten, kugeligen Blütenstand.

BLÜTEZEIT

J	F	M	A	M	J	J	A	S	O	N	D

Typisch

Die Stängel und Blattstiele der Wegwarte enthalten einen weißen Milchsaft.

Wegwarte

Cichorium intybus

Kaum zu glauben, dass es sich bei der sparrig verzweigten Pflanze mit den löwenzahnähnlichen Grundblättern und den hübschen, blauen Blüten um die wilde Stammmutter von Chicorée und Radicchio handelt. Vor allem der leicht bittere Geschmack, der ihnen allen gemeinsam ist, sowie eine dicke, fleischige Pfahlwurzel zeugen noch von der Verwandtschaft. Aus der Wurzel der Wegwarte wurde noch bis nach dem Zweiten Weltkrieg ein Kaffeeersatz bereitet, der sogenannte Cichorienkaffee oder »Blümchenkaffee«.

VORKOMMEN an Wegrändern, auf trockenen Wiesen, Schuttstellen, Dämmen und Ödland; häufig

GRÖSSE 30 – 100 cm, manchmal sogar bis zu 1,50 m hohe Staude

SAMMELGUT Blätter (vor der Blütezeit ernten), Blüten, Wurzel

VERWENDUNG Im Frühjahr schmecken die dann noch zarten Blätter in Blattsalaten, später kann man sie gut zu Spinat kochen oder Suppen und Gemüsegerichten zugeben. Mit dem Erscheinen der Blüten werden die Blätter bitter. Die (nicht bitteren) Blüten bringen einen hübschen Farbakzent in Salate und zieren viele andere Speisen. Die im Herbst und Winter ausgegrabenen Wurzeln lassen sich, geschält und kleingeschnitten, zu Gemüse dünsten oder in Öl ausbraten. Wer Bitterstoffe nicht mag, sollte die Wurzeln vor der Zubereitung 1–2 Stunden wässern.

Die Blüten öffnen sich morgens und schließen sich mittags wieder, bei trübem Wetter auch erst nachmittags. Bei Regen bleichen sie aus, denn ihr Farbstoff ist wasserlöslich.

BLÜTEZEIT

J	F	M	A	M	J	J	A	S	O	N	D

Gundermann

Glechoma hederacea

Der botanische Name hederacea *bedeutet »efeuartig«, und wie der Efeu schickt auch der Gundermann lange, wurzelnde Triebe über den Boden hin. Auf diese Ausläufer bezieht sich auch der zweite deutsche Name der Pflanze: Gundelrebe. Die enthaltenen Vitamine, ätherischen Öle und Bitterstoffe machen den Gundermann für uns zur schmackhaften Gewürz- und zur Heilpflanze, für Weidetiere ist er dagegen giftig. Insbesondere Pferde reagieren mit ernsthaften Vergiftungen, wenn sie ihn fressen.*

VORKOMMEN auf nährstoffreichen Wiesen und Weiden, in Gärten, an Zäunen und Mauern, in Uferauen; häufig

GRÖSSE krautige Pflanze mit langen, kriechenden Stängeln, die sich nur in der Blütenregion 15 – 20 cm hoch aufrichten

SAMMELGUT Blätter und Triebspitzen, Blüten

Typisch

Die Blätter des Gundermanns sind gegenständig angeordnet, in ihren Achseln sitzen jeweils mehrere Blüten.

VERWENDUNG Die jungen Blätter und Triebspitzen passen gut in Frühlingssalate und würzen Suppen, Eintöpfe, Kräuterquark, Omeletts und ähnliches. Man kann die frischen Blätter auch zu Tee aufgießen oder Kräuterlikör und Würzöl damit ansetzen. Manche Menschen kauen die Blätter auch einfach beim Spazierengehen, um den Atem zu erfrischen. Sie schmecken ein wenig minzeartig, andere sagen lakritzähnlich oder sogar harzig. Gegen Ende des Sommers werden sie zunehmend bitter. Aufgrund dieser Bitterstoffe verwendete man früher, bevor der Hopfen kultiviert wurde, den Gundermann zur Konservierung von Bier.

BLÜTEZEIT

J	F	M	A	M	J	J	A	S	O	N	D

Kriechender Günsel

Ajuga reptans

Mit zahlreichen wurzelnden Ausläufern kann die dekorative Pflanze an geeigneten Standorten größere Flächen bedecken, was ihr prompt den Namenszusatz »Kriechender« eingebracht hat. Nur die farbkräftigen Blütenstände reckt sie wie Kerzen in die Höhe. Weil ein Tee aus ihren Blättern eine entzündungshemmende Wirkung hat, wird er früher wie heute bei Erkrankungen im Mund- und Rachenraum zum Gurgeln eingesetzt.

Der Blüte fehlt die Oberlippe, dafür ist ihre Unterlippe sehr breit und dreilappig. Die Knospen sind auffällig weiß-pelzig behaart. Oft sind die Blätter des Günsels, vor allem die Hochblätter im Blütenstand, mehr oder weniger braunviolett gefärbt.

VORKOMMEN auf gedüngten Wiesen, in feuchten Laubwäldern, Gebüschen, an Wegrändern, in Gärten

GRÖSSE 10 – 30 cm hohe krautige Pflanze

SAMMELGUT Blätter und Blüten

VERWENDUNG Junge Blätter, aber auch noch die Blütentriebe stellen eine würzige und zugleich dekorative Beigabe zu Kartoffelgerichten, deftigen Aufläufen und Gemüse dar. Aufgrund ihres sehr herben, chicoréeartig bitteren Geschmacks sollten Sie die Blätter roh, etwa in Salaten oder Kräuterquark, nur sparsam verwenden. Beim Kochen werden sie milder. Die (generell milden) Blüten geben auch eine hübsche Speisendekoration ab.

Typisch

In dem langen Blütenstand sitzen Quirle blauer Lippenblüten jeweils in den Achseln von über Kreuz stehenden Blattpaaren. Jede »Etage« besteht aus bis zu zehn Blüten.

BLÜTEZEIT

J	F	M	A	M	J	J	A	S	O	N	D

Kleine Braunelle

Prunella vulgaris

Die kleine Wiesenblume braucht zur Verbreitung ihrer Samen schlechtes Wetter. Die trockenen Kelchblätter, die die reifen Früchtchen umschließen, öffnen sich nur bei feuchter Witterung. Regentropfen spülen die kleinen, dreikantigen Früchte dann aus dem Kelch heraus. Im nassen Zustand sind die Früchtchen klebrig und bleiben an vorbeikommenden Tieren (oder Schuhen) hängen. Früher war die Kleine Braunelle eine geschätzte Heilpflanze. Der aus ihr gepresste Saft enthält reichlich Gerbstoffe, die zusammenziehend wirken. Man hat den Saft daher zum Stillen von Blutungen eingesetzt.

VORKOMMEN auf Wiesen und Weiden, an Wegrändern, in lichten Wäldern, auf feuchten, nährstoffreichen Böden; ziemlich häufig

Typisch

Nachdem die einzelnen Blüten abgeblüht sind, bleiben die braunen, vertrockneten Kelchblätter noch lange erhalten und bilden einen kopfigen Fruchtstand.

GRÖSSE 10 – 25 cm hohe krautige Pflanze

SAMMELGUT Blätter und Triebspitzen, Blüten

VERWENDUNG Die jungen Blätter und Triebspitzen lassen sich im Frühjahr fein gehackt als herbes und etwas bitteres Gewürz zu Salaten, Saucen oder Brotaufstrichen verwenden. Reichlich Öl mindert dabei die Bitternote. Im Kochtopf eignen sie sich zum Würzen von deftigen Suppen und Eintöpfen. Die Blüten eignen sich für getrocknete Kräutertees.

BLÜTEZEIT

J	F	M	A	M	J	J	A	S	O	N	D

Die zu einem dichten Köpfchen beieinanderstehenden Blüten sind deutlich in Ober- und Unterlippe geteilt. Sie können blauviolett oder rötlich violett sein.

Typisch

Die Blätter des Wiesensalbeis riechen ähnlich denen des Gartensalbeis. Ihr Duft ist allerdings nicht ganz so intensiv wie bei der Kulturpflanze.

Wiesensalbei

Salvia pratensis

Die Blüten des Wiesensalbeis stellen eine ausgeklügelte Konstruktion dar, mit der die Pflanze ihre Bestäubung und damit die Vermehrung sicherstellt. Die Staubbeutel hängen an langen, gebogenen Stielchen unter der Oberlippe. Das hintere Ende des Stielchens endet in einer Platte, die den Schlundeingang versperrt. Landet nun eine Biene oder Hummel auf der Blüte und will zu dem im Schlund verborgenen Nektar vordringen, muss sie die Platte erst wegdrücken. Damit werden wie bei einem Hebel die Staubbeutel von oben herabgesenkt und entleeren ihre Pollen in den Pelz des Insekts. Wenn ein pollenbeladenes Insekt hier anfliegt, streift es mit dem Rücken zwangsläufig die klebrige Narbe. Der Pollen bleibt an dieser hängen.

VORKOMMEN auf trockenen Wiesen und Magerrasen, an sonnigen Böschungen und Dämmen

GRÖSSE bis 60 cm hohe krautige Pflanze

SAMMELGUT Blätter, Blüten

VERWENDUNG Die angenehm aromatisch schmeckenden Blätter kann man genau wie die des Gartensalbeis verwenden: gehackt zum Würzen von Suppen, Eintöpfen, Gemüsen oder Saucen, in Öl herausgebacken zu mediterranen Fleischgerichten, als Tee aufgebrüht oder zur Aromatisierung von Essigen und Ölen. Manche kauen sie auch einfach roh zur Erfrischung des Atems. Ausgekocht liefern sie einen violetten Sud, aus dem sich z.B. eine interessante Götterspeise oder ein Sirup bereiten lässt.

BLÜTEZEIT/FRUCHTZEIT

J	F	M	A	M	J	J	A	S	O	N	D

Typisch

Zerreibt man die Blätter zwischen den Fingern, besteht kein Zweifel mehr: Die Pflanze riecht intensiv nach Minze.

Echte Pfefferminze

Mentha x piperita

Eine Laune der Natur ist sie, zufällig entstanden und zufällig entdeckt. 1696 bemerkte der englische Biologe John Ray, dass in seinem Garten eine Minze wuchs, die stärker mentholhaltig war als die übrigen Minzearten. Er stellte fest, dass es sich um eine spontane Kreuzung aus der Wasser- und der Ährenminze handelte und nannte sie aufgrund ihres schon beinahe scharfen Geschmacks Pfefferminze. Seither wurde sie von Züchtern in aller Welt zu zahllosen Sorten und Varietäten weiterkultiviert.

VORKOMMEN in Gärten und auf Feldern gepflanzt, vielerorts in der Nähe von Kulturen verwildert, braucht feuchtnasse, stickstoffreiche Böden

GRÖSSE 30 – 90 cm hohe, Ausläufer bildende Staude

SAMMELGUT Blätter, Triebspitzen

VERWENDUNG Blätter und Triebspitzen werden seit alters zu Tee aufgegossen, sei es als Erfrischungsgetränk oder als Heiltee gegen Magen-Darmbeschwerden und Gallenerkrankungen. Auch als Speisenwürze sind sie vielseitig einsetzbar, vor allem für Desserts wie Obstsalate oder Süßspeisen. Zudem veredeln sie Schokoladenkonfekt. Nicht zuletzt eignen sie sich auch als Streupflanze zur Raumbeduftung gut.

Die länglichen Blätter stehen kreuzgegenständig an dem vierkantigen, oft rot überlaufenen Stängel.

BLÜTEZEIT

J	F	M	A	M	J	J	A	S	O	N	D

Typisch

Die asymmetrischen Blüten tragen auf ihrer Rückseite einen geraden, gleichfarbenen Sporn.

Märzveilchen

Viola odorata

Seines Duftes wegen war das Märzveilchen von jeher Favorit der Damenwelt und Lieblingsblume vieler Dichter. Sein wissenschaftlicher Name odorata *heißt übersetzt »duftend«, und auch im Deutschen wird der kleine Frühjahrsbote oft Duftveilchen oder Wohlriechendes Veilchen genannt. Obwohl auch andere Veilchenarten duftende Blüten hervorbringen, war das Märzveilchen das einzige, das in der Parfümindustrie Verwendung fand. Um die Nachfrage zu befriedigen, wurden »Veilchenduft« allerdings zusätzlich aus dem fermentierten Wurzelstock der Iris gewonnen, heute wird das entsprechende ätherische Öl synthetisch hergestellt.*

VORKOMMEN in lichten Wäldern, an Waldrändern, entlang von Gebüschen, an Bachufern oder Wegrändern, oft auch in Gärten

GRÖSSE nur 5 – 15 cm hohe Staude

SAMMELGUT junge Blätter, Blüten

VERWENDUNG Die jungen Veilchenblätter lassen sich zusammen mit anderen Frühlingskräutern in Salate oder Kräuterquark geben. Kandierte Veilchenblüten zieren Torten und Pralinés, auch für Veilchenmarmelade oder –bowle kann man die Blüten verwenden, auch geben sie eine aparte Süßspeisendekoration ab. Und natürlich sind die hübschen Blüten ideal für ein Duftpotpourri oder ein Duftsträußchen am Tisch.

Meist zeigen die Blüten ein kräftiges Blauviolett, gelegentlich treten aber auch rosafarbene oder weiße auf.

BLÜTEZEIT

J	F	M	A	M	J	J	A	S	O	N	D

Gelbe
Blütenfarbe

Ackersenf

Sinapis arvensis

Der widerstandsfähige Ackersenf ist eines der wenigen Ackerwildkräuter, denen auch der massive Herbizideinsatz in der modernen Landwirtschaft bis heute nicht sehr geschadet hat. Eine einzige kräftige Pflanze dieses Überlebenskünstlers kann bis zu 25000 Samen ausbilden, und diese Samen bleiben viele Jahre keimfähig. Durch die scharfen Senföle, die in sämtlichen Pflanzenteilen enthalten sind, schützen sich die Pflanzen vor Pilzbefall und Tierfraß.

VORKOMMEN in Äckern, an Feld- und Wegrändern, auf Ödland

GRÖSSE 30 – 60 cm hohe, einjährige Pflanze

SAMMELGUT Blätter, junge Triebe, Blütenstände, Samen

VERWENDUNG Die senfartig schmeckenden Blätter und Triebe kann man gehackt als Würze für Salate, Suppen, Aufläufe, Gemüsegerichte oder Brotaufstriche nutzen. Die noch knospigen Blütenstände geben gedünstet eine brokkoliähnliche Zutat zu Gemüse ab, die geöffneten Blüten stellen eine hübsche Speisendekoration dar. Solange die Samenhülsen noch grün und weich sind, ergeben sie eine scharfe (!) Speisewürze, z.B. für pikante Saucen. Wer im Herbst die reifen Samen sammelt, kann sie zu Senf vermahlen.

BLÜTEZEIT/FRUCHTZEIT

J	F	M	A	M	J	J	A	S	O	N	D

Typisch

Die reifen Samen im Innern der Schoten sind rotbraun bis dunkelbraun gefärbt.

Echtes Barbarakraut

Barbarea vulgaris

Woher das Barbarakraut seinen Namen hat? Die einen sagen, das oft in Steinbrüchen wachsende Kraut sei der Hl. Barbara geweiht, der Schutzpatronin der Bergleute und Steinbrucharbeiter. Die andern leiten ihn davon ab, dass man das vitaminreiche Kraut bis in den Dezember hinein, also bis zum Barbaratag, dem 4. Dezember, sammeln und zubereiten kann. Eindeutig ist hingegen der zweite Name der Pflanze: Winterkresse. Er rührt vom kresseartig scharfen Geschmack der Blätter her.

VORKOMMEN an feuchten Weg- und Ackerrändern, in Steinbrüchen, an Ufern von Bächen, Flüssen und Gräben, Straßen- und Bahndämmen

GRÖSSE 30 – 90 cm hohe, zweijährig wachsende Pflanze

Die goldgelben Blüten stehen am Ende des Stängels in dichten, kopfigen Teilblütenständen beieinander.

SAMMELGUT Blätter, Blütenknospen

VERWENDUNG Aus den sehr vitaminreichen Blättern lässt sich vom Frühjahr bis in den Winter hinein Salat, Spinat oder auch eine Gemüsezugabe machen. Ihr kressescharfer Geschmack wird im Jahreslauf allerdings zunehmend strenger und bitterer. Durch Kochen oder zumindest Blanchieren lässt er sich mildern. Wer im Frühjahr die knospigen Blütenstände kurz vor dem Aufblühen erntet, kann sie ähnlich wie Broccoli zu Gemüse kochen.

BLÜTEZEIT

J	F	M	A	M	J	J	A	S	O	N	D

Typisch

Im Gegensatz zu den kleinen, gezackten oberen Stängelblättern sind die großen, gestielten Grundblätter gefiedert mit großem, rundlichem Endlappen.

Gewöhnliche Nachtkerze

Oenothera biennis

Typisch

Abends und nachts verströmen die Blüten der Nachtkerze einen intensiven süßlichen, schon beinahe aufdringlichen Geruch.

Die Nachtkerze trägt ihren Namen nicht von ungefähr. Ihre großen Blütenbecher öffnen sich erst in der Abenddämmerung, um am nächsten Mittag bereits wieder dahinzuwelken. Das Öffnen der Blüten geschieht dabei erstaunlich schnell, man kann tatsächlich dabei zusehen. In einer gleichmäßigen Bewegung entfalten sich die Knospen innerhalb weniger Minuten. Mit süßem Duft locken die Blüten sodann zahlreiche Nachtfalter als Bestäuber an, am Vormittag dann mit ihrem leuchtenden Gelb auch Tagfalter, Bienen, Hummeln.

VORKOMMEN an Hängen, Böschungen und Wegrändern, auf Kiesflächen oder Bahnschotter; auf steinig-kiesigem oder sandigem Boden

GRÖSSE im ersten Wuchsjahr nur eine flache Blattrosette, im zweiten Jahr eine bis über 1 m hohe Pflanze

SAMMELGUT Blütenstände samt Stängeln, Früchte und Samen, Wurzeln

Während an der Spitze des großen Blütenstands noch Knospen aufs Aufblühen warten, sind die unteren Blüten bereits verblüht.

VERWENDUNG Junge Blütenstängel kann man sowohl roh knabbern als auch als Pfannengemüse dünsten, ebenso die noch grünen, unreifen Früchte. Sie schmecken spinat- oder mangoldartig. Die dicken Blütenknospen, roh oder gedünstet in Öl eingelegt, ergeben delikate Antipasti, und geöffnete Blüten stellen eine wohlschmeckende Speisendekoration dar. Ausgereifte Samen lassen sich im Herbst etwa wie Sesamsamen in oder auf Gebäck verwenden. Die dicken Wurzeln der Pflanze gräbt man aus, bevor sich der Blütentrieb entwickelt hat. Man hobelt oder raspelt sie roh in Salate oder kocht sie wie Kartoffeln weich. Ihr Aroma erinnert an Schwarzwurzeln. Weil sie sich beim Kochen rötlich verfärben, wird die Pflanze auch Schinkenkraut oder Schinkenwurz genannt.

BLÜTEZEIT/FRUCHTZEIT

J	F	M	A	M	J	J	A	S	O	N	D

Typisch

Die gelben Blüten, die den Strauch noch vor dem Laubaustrieb überziehen, gehören zu den frühesten Gehölzblüten im Jahr.

Kornelkirsche

Cornus mas

Seit der Steinzeit ist die Kornelkirsche oder der Gelbe Hartriegel ein geschätztes Gehölz, von dem praktisch alle Teile Verwendung fanden: die Früchte als Wildobst, die gerösteten Kerne als Kaffeeersatz, die Rinde zum Färben und als Medizintee, vor allem aber das Holz. Es ist das härteste Holz, das in Europa wächst, und ist so schwer, dass es im Wasser untergeht. Die alten Römer schnitzten ihre Lanzen daraus, Radspeichen, Werkzeuge und Holznägel wurden daraus gefertigt, und noch heute ist es begehrt für Drechselarbeiten aller Art.

VORKOMMEN an sonnigen Waldrändern, auf Waldlichtungen, in Hecken und Gebüschen, oft auch in Park und Gärten gepflanzt

GRÖSSE Strauch oder kleiner Baum bis 8 m Höhe

SAMMELGUT Früchte, Blätter und Blüten

Die Blüten der Kornelkirsche stellen im Frühling eine der ersten Nahrungsquellen für die Bienen dar.

VERWENDUNG Voll ausgereifte, dunkelrote Früchte (lösen sich leicht vom Zweig) kann man roh essen wie Kirschen. (Unreife Früchte schmecken ausgesprochen sauer.) Man kocht die Früchte zu Marmelade, Kompott oder Gelee, verarbeitet sie zu Fruchtsaft, Wein oder Likör oder trocknet sie und gießt sie dann zu Tee auf. Die sehr vitaminreichen Früchte schmecken säuerlich-frisch, wie eine Mischung aus Johannisbeeren und Hagebutten. Sie enthalten gut doppelt so viel Vitamin C wie Zitronen. Auch die Blüten sowie die frisch ausgetriebenen Blätter lassen sich gut einem Früchte- oder Kräutertee beigeben.

BLÜTEZEIT/FRUCHTZEIT	J	F	M	A	M	J	J	A	S	O	N	D

Gewöhnliche Berberitze

Berberis vulgaris

Sauerdorn wird der Dornbusch mit den sauren Früchten auch genannt, gebietsweise auch Essigbeere oder Essigdorn. Die kleinen Beeren enthalten nicht nur Oxal- und Fruchtsäuren, sondern auch sehr viel Vitamin C. Über Jahrhunderte hinweg wurde in Europa Marmelade aus ihnen gekocht, vor allem in den orientalischen Ländern sind sie, frisch oder getrocknet, heute noch ein wichtiger Bestandteil der täglichen Küche. Nachdem Botaniker 1866 erkannten, dass die Berberitze als Zwischenwirt für den Getreideschwarzrost dient, einen Pilz, der auf Getreide parasitiert und dieses vernichtet, hat man den Wildstrauch in vielen landwirtschaftlich geprägten Gegenden praktisch ausgerottet.

VORKOMMEN an Waldrändern, in lichten Auwäldern, Hecken und Gebüschen, an Wegen, häufig in Anlagen und Gärten gepflanzt

GRÖSSE 1 – 3 m hoher Strauch

SAMMELGUT die reifen Früchte

Die Früchte bleiben oft bis in den Winter an den Zweigen haften und stellen dann eine willkommene Nahrung für Vögel dar.

VERWENDUNG Aus den zitronenartig sauren Früchten bereitet man Marmelade, Gelees und Kompott und setzt sie als Aromaspender beim Kochen von Suppen, Saucen und Chutneys, ebenso für Fruchtsäfte und Spirituosen ein.

ACHTUNG! Mit Ausnahme der reifen Früchte sind alle anderen Pflanzenteile der Gewöhnlichen Berberitze schwach giftig. Bei Zier- und Gartenarten der Berberitze ist auch vom Verzehr der Früchte abzuraten.

BLÜTEZEIT/FRUCHTZEIT

J	F	M	A	M	J	J	A	S	O	N	D

Typisch

Die längs gerieften Zweige der Berberitze sind mit kräftigen, häufig dreiteiligen Dornen bestückt.

Großblütige Königskerze

Verbascum densiflorum

Typisch

Die Ränder der filzig behaarten Blätter laufen am Stängel flügelartig bis zum nächsten Blatt herab.

Die auffälligen Blütenstände der Königskerze haben viele Qualitäten: Getrocknet liefern die Blüten einen heilkräftigen Tee, der entzündungshemmend und antibakteriell wirkt und daher gegen Erkältungskrankheiten eingesetzt wird. Die Inhaltsstoffe der Blüten, vor allem Saponine und Flavonoide, wirken schleimlösend und lindern Hustenreiz. Außerdem wurde die Königskerze früher als Färbepflanze für gelbe Stoffe herangezogen, und ihre langen, kräftigen Fruchtstände dienten, getrocknet und in Harz oder Wachs getaucht, als Fackeln.

VORKOMMEN auf Ödland, Schotterflächen, trockenen Waldlichtungen, in Steinbrüchen, auf Bahndämmen

GRÖSSE 0,5 – 2 m hohe, zweijährig wachsende Pflanze

SAMMELGUT die Blüten

VERWENDUNG Die gelben Blüten kann man, frisch oder getrocknet, zu Früchte- oder Kräutertee zusetzen. Sie geben dem Tee einen fruchtigen Geschmack, der an getrocknete Apfelringe erinnert. Ausgekocht liefern sie nicht nur Aroma, sondern auch eine tolle goldgelbe Farbe für Limonaden, Spirituosen oder Götterspeise.

BLÜTEZEIT

J	F	M	A	M	J	J	A	S	O	N	D

Erst im zweiten Wuchsjahr schiebt sich aus der großen Blattrosette der hohe Blütenstand empor.

Gänsefingerkraut

Potentilla anserina

Nach dem Federvieh benannt wurde die robuste, trittfeste Pflanze, weil sie früher im ländlichen Raum gerne auf Gänseweiden wuchs, fand sie dort doch den von ihr bevorzugten gut gedüngten Boden vor. Auch Silberkraut ist ein häufiger Name für das wuchskräftige Pflänzchen. Er rührt von der dichten, silbrigen Behaarung auf der Unterseite seiner Blätter her. Und schließlich wird es im Volksmund noch Krampfkraut genannt, denn seit Jahrhunderten weiß man es in der Pflanzenmedizin als krampflösendes, schmerzstillendes und durchfallhemmendes Kraut anzuwenden.

VORKOMMEN an Weg- und Feldrändern, Böschungen und Ufern, auf Ödflächen, gern auf feuchten, sandig-steinigen Böden; häufig

GRÖSSE 5 – 15 cm hohe Staude mit bis zu 50 cm langen kriechenden Stängeln

Typisch

Die langen, kriechenden Stängel bewurzeln sich jeweils an den Knoten und treiben dort dann neue Pflänzchen aus.

SAMMELGUT Blätter, Blüten, Wurzeln

VERWENDUNG Die jungen, frischen Blätter verleihen fein gehackt Frühjahrssalaten, Saucen oder Kräuterquark eine herb-säuerliche Note. Auch zu Spinat gedünstet schmecken sie gut. Die goldgelben Blüten stellen eine aparte, essbare Speisendekoration dar. Die knollenartig verdickten Wurzeln gräbt man im Herbst und Winter aus. Man kann sie roh in Salate raspeln oder gegart in Mischgemüse essen. Im gekochten Zustand schmecken sie möhrenartig süßlich.

Das Kriechende Fingerkraut (Potentilla reptans) *hat sehr ähnliche Blüten, doch seine Blätter sind handförmig geteilt.*

BLÜTEZEIT

J	F	M	A	M	J	J	A	S	O	N	D

Scharbockskraut

Ranunculus ficaria

Im zeitigen Frühjahr breitet sich vielerorts unter Laubbäumen und auf feuchten Wiesen das speckig glänzende Grün des Scharbockskrauts aus. Schon Anfang Juni verschwinden die niedrigen Pflänzchen dann wieder von der Bildfläche, sowohl die Blüten wie auch die Blätter vergehen. Früher wurde es von den Menschen, die im Winter ja wenig Frischkost zur Verfügung hatten, im Frühling schon sehnsüchtig erwartet. Man wusste, dass es den zum Winterende hin weit verbreiteten Skorbut heilen konnte, denn seine Blätter enthalten sehr viel Vitamin C.

BLÜTEZEIT

J	F	M	A	M	J	J	A	S	O	N	D

Die goldgelben Blütensterne erheben sich auf dünnen Stielen über den Teppich aus rundlichen, dunkelgrün glänzenden Blättern.

VORKOMMEN in lichten Laubwäldern, Auwäldern und feuchten Gebüschen, in Parks und Obstwiesen; oft in großen Beständen

GRÖSSE 5 – 20 cm hohe Staude mit niederliegenden Stängeln

SAMMELGUT die Blätter (vor der Blütezeit!), Blütenknospen und Brutknöllchen

VERWENDUNG Im Frühjahr ergeben die Blätter eine Vitamin-C-reiche Zutat zu Salaten und Salatsaucen, zu Kräuterquark und Eiergerichten. Ihr säuerliches, etwas scharfes Aroma würzt auch Gemüse- und Bratgerichte. Sowohl aus den Blütenknospen wie den Brutknöllchen lässt sich eine Art Kapernersatz machen, indem man sie zunächst in Salzlake, dann in Essig und Öl einlegt.

Typisch

In den unteren Blattachseln sitzen oft kleine, ovale Brutknöllchen, die austreiben und sich zu Tochterpflänzchen entwickeln können.

ACHTUNG! Die Pflanze enthält den scharf schmeckenden Giftstoff Protanemonin, der zu Schleimhautreizungen führen kann, wenn man größere Mengen genießt. Während in den jungen Blättern nur sehr wenig dieses Alkaloids enthalten ist, steigt sein Gehalt ab der Blütezeit kräftig an. Daher die Blätter nur vor der Blüte sammeln!

Huflattich

Tussilago farfara

Typisch

Zur Blütezeit ist der weißfilzig behaarte Stängel von schuppenförmigen, oft rot überlaufenen Blättern besetzt.

Als eine der ersten Frühlingsblumen streckt der Huflattich seine Blüten aus dem Boden, kaum dass der Schnee die Erde freigibt. Sind sie verblüht, entwickeln sich auf den beschuppten Stängeln kleine »Pusteblumen«, die ihre Samen in den Wind entlassen. Austrieb, Blüte und Fruchtbildung bewerkstelligt die Pflanze allein mit ihren unterirdischen Nahrungsvorräten. Erst danach entfalten sich die großen, herzförmigen Blätter, die für neue Energiereserven im kommenden Jahr sorgen. Die dicken unterirdischen Ausläufer des Huflattichs erreichen bis zu 1 m Länge und ermöglichen ihm, neue Wuchsstellen zu besiedeln. Als Pionierpflanze vermag der Huflattich auch lockeren Boden gut zu befestigen.

VORKOMMEN an Wegrändern, auf feuchtem Ödland und Steinschutt, in Kiesgruben, an Ufern

GRÖSSE 5 – 20 cm hohe Staude

SAMMELGUT Blüten und Blütenstängel, Blätter

VERWENDUNG Während die Blüten, als Tee aufgegossen, früher wie heute ein beliebtes Hausmittel gegen Erkältungen und Husten sind, kann man die Blütenstängel roh in Salaten oder gegart in Pfannengemüse, Bratlingen oder Spinat verspeisen. Die Blüten verleihen Tees und Spirituosen Aroma und Farbe. Junge Blätter schmecken, fein gehackt, in Salaten oder auf Butterbrot, die Stängel älterer Blätter lassen sich zu Pfannengemüse dünsten.

ACHTUNG! Weil Huflattich nachweislich auch Pyrrolizidin-Alkaloide enthält, die in größeren Mengen möglicherweise leberschädigend wirken, sollte Huflattich nicht oft und nur in kleinen Mengen genossen werden.

BLÜTEZEIT

J	F	M	A	M	J	J	A	S	O	N	D

Löwenzahn

Taraxacum officinale

Kuhblume, Butterblume, Milchblume, Hundsblume – die Vielzahl an Volksnamen für den Löwenzahn zeigt den hohen Bekanntheitsgrad dieser »Allerweltsblume«. Dass er regional wenig schmeichelhaft Bettnässer, in Süddeutschland Bettsaicher, in Frankreich Pissenlit genannt wird, hat er wohl der starken harntreibenden Wirkung seiner

Inhaltsstoffe zu verdanken. Für die Bienen stellen die leuchtenden Blütenköpfe im Frühjahr eine wichtige Nahrungsquelle dar. Um 1 kg des goldgelben, hocharomatischen Löwenzahnhonigs herzustellen, müssen sie allerdings über 100 000 Blüten besuchen.

VORKOMMEN auf nährstoffreichen Rasen, in gedüngten Wiesen und Viehweiden, auf Brachflächen, an Wegrändern; überall häufig

GRÖSSE 10 – 50 cm hohe Staude.

SAMMELGUT junge Blätter, Blüten, Wurzel

VERWENDUNG Die Blätter, die im Geschmack an Chicorée erinnern, ergeben im Frühjahr einen Salat, der immerhin achtmal so viel Vitamin C enthält wie Kopfsalat (ab Juni werden sie allerdings unangenehm herb). Auch als Spinat oder klein gehackt in Suppen, Eierspeisen, Kräuterquark etc. schmecken sie gut. Die süßlich und etwas honigartig schmeckenden Blüten sehen in Salaten oder als Brotbelag apart aus, auch Tee oder Gelee lässt sich daraus bereiten. Die dicken Blütenknospen, abgetrennt und in Essig eingelegt, können als Kapernersatz dienen. Im Herbst und Winter kann man die verdickte, bis zu 1 m Tiefe hinabreichende Wurzel ausstechen und sie geschnitten als Gemüse oder Salat zubereiten.

BLÜTEZEIT/FRUCHTZEIT

J	F	M	A	M	J	J	A	S	O	N	D

Nach dem Abblühen wird der gelbe Blütenkopf zur »Pusteblume«.

Typisch

Der weiße Milchsaft, der beim Abpflücken aus den Blatt- und Blütenstielen austritt, färbt die Haut vorübergehend braun, ist aber nicht giftig.

Wiesenbocksbart

Tragopogon pratensis

Typisch

Das Blütenkörbchen des Wiesenbocksbarts enthält ausschließlich Zungenblüten, die aber sehr unterschiedlich lang sind.

BLÜTEZEIT

J	F	M	A	M	J	J	A	S	O	N	D

Der noch geschlossene Fruchtstand dieser Wiesenblume, aus dem die weißen Samenhaare schon herausragen, erinnert entfernt an den Bart eines Ziegenbocks – was der Pflanze ihren Namen einbrachte. Wo der Boden zusagt, tritt der Wiesenbocksbart oft in sehr großen Beständen auf. Vormittags wird die gelb leuchtende Wiese dann zur Augenweide, nachmittags sieht sie wieder grün aus. Die Blütenköpfe des Wiesenbocksbarts öffnen sich nämlich bei sonnigem Wetter in den frühen Morgenstunden und schließen sich um die Mittagszeit wieder. Kein Wunder, dass die Pflanze im Volksmund auch Morgenstern heißt.

VORKOMMEN auf Wiesen, an Wegrändern, auf Brachland

GRÖSSE 30 – 70 cm hohe, ein- bis mehrjährig wachsende Pflanze

SAMMELGUT Blätter und Triebspitzen, Stängel, Blütenknospen, Wurzeln

VERWENDUNG Junge Blätter und Triebspitzen wie auch die Stängel und Knospen ergeben eine knackige Zutat zu Salaten oder lassen sich zu einem leckeren Pfannengemüse dünsten. Sie schmecken mild kohlartig. Die dicken, tiefreichenden Wurzeln können im Frühjahr, solange sie noch weich sind, zu einem Kochgemüse verarbeitet werden, in Konsistenz und Geschmack ähnlich den Schwarzwurzeln.

Der Fruchtstand erinnert an die »Pusteblume« des Löwenzahns.

Pastinak

Pastinaca sativa

Ursprünglich ist der Pastinak ein Asiate, doch schon in der Antike wurde er auch in Südeuropa als Nahrungspflanze kultiviert. Die alten Griechen und Römer schätzten das aus seinen dicken Wurzeln gekochte Gemüse sehr. Von dort kam der Pastinak nach Mitteleuropa, wo er noch bis zum 18. Jahrhundert fast überall angebaut wurde. Erst als sich die Kartoffel bei uns durchsetzte, verlor er an Bedeutung. Was heute bei uns wächst, sind fast alles verwilderte Nachkommen der früheren Feldfrüchte. Der tatsächlich »wilde« Pastinak hat eine vergleichsweise dünne Pfahlwurzel, die auch nicht besonders schmeckt.

BLÜTEZEIT/FRUCHTZEIT

J	F	M	A	M	J	J	A	S	O	N	D

Die Teilblätter der großen, gefiederten Blätter sind ihrerseits oft gelappt und haben einen grob und unregelmäßig gezähnten Rand.

Die gelblich weiße, fleischige Rübe des Pastinaks ähnelt optisch der Petersilienwurzel. Sie enthält etwa doppelt so viel Zucker wie Karotten.

VORKOMMEN auf trockenen Wiesen, Ödland, an Straßen- und Bahnböschungen, in Steinbrüchen

GRÖSSE 30 – 100 cm hohe, zweijährig wachsende Pflanze

SAMMELGUT die verdickte Wurzel, das grüne Kraut, Samen

VERWENDUNG In seinem ersten Herbst lagert der Pastinak viele Reservestoffe in seine Pfahlwurzel ein. Man kann die fleischigen Rüben dann bis zum nächsten Frühjahr ausgraben und in Salate raspeln oder zu einem schmackhaften Gemüse garen. Sie erinnern nicht nur in der Form, sondern auch im Geschmack an Möhren, mit einem Hauch von Fenchel und Petersilie. Blätter und Stiele lassen sich, solange sie im Frühjahr noch schön weich sind, gut als Zutat für Salate oder Kräuterquark verwenden oder mit anderem Gemüse garen. Die Samen dienen als kümmelähnliches Gewürz für deftige Speisen wie Bratkartoffeln oder Kraut.

Typisch

Der kantig gerillte Stängel ist im unteren Teil nur leicht borstig, im Bereich des Blütenstands aber oft recht dicht, geradezu zottig behaart.

Wildes Stiefmütterchen

Viola tricolor

Ausgesprochen bunt kommen die Blüten des Wilden Stiefmütterchens daher: Die Blütenblätter können gelb, blauviolett, weiß oder auch zweifarbig sein. Das untere und die seitlichen Kronblätter tragen dazu noch eine schwarze Strichzeichnung, die den bestäubenden Insekten, vor allem Bienen und Hummeln, den Weg zum Nektar weist. Das Wilde Stiefmütterchen gilt als eine der Elternarten des großblütigen Garten-Stiefmütterchens, das seit Anfang des 18. Jahrhunderts in zahllosen Varianten gezüchtet wurde.

Dreifarbige Blüten kommen beim Wilden Stiefmütterchen häufig vor. Den lateinischen Namenszusatz tricolor *trägt die Pflanze nicht zu unrecht.*

VORKOMMEN in Wiesen, an Feld- und Wegrainen, Böschungen, auf Brachland

GRÖSSE 10 – 30 cm hohe ein- oder mehrjährig wachsende Pflanze

SAMMELGUT Blüten, Blätter und Triebe

VERWENDUNG Stiefmütterchenblüten sind nicht nur hübsch, sondern schmecken auch aromatisch frisch und salatartig. Sie machen sich stets gut, ob man sie als roh essbare Speisendekoration nutzt, ob man sie als Farbakzent einem Tee zugibt oder kandiert. Auch zu Gelee kann man sie verkochen. Junge Blätter und Triebe stellen eine milde Salatzutat dar. Kleingehackt schmecken sie auch gut in Saucen, Gemüsegerichten oder Kräuterfüllungen.

BLÜTEZEIT

J	F	M	A	M	J	J	A	S	O	N	D

Typisch

Die ovalen bis lanzettlichen, am Rand eingekerbten Blätter sind stets begleitet von relativ großen Nebenblättern, die in schmale Zipfel zerteilt sind.

Große Kapuzinerkresse

Tropaeolum majus

Die raschwüchsige Zierpflanze bringt intensive Farbe in den Garten und macht sich nebenbei als Heilpflanze nützlich. In den 1950er-Jahren wurde entdeckt, dass die Kapuzinerkresse eine antibiotisch wirksame Substanz enthält. Kurz danach konnte nachgewiesen werden, dass die Pflanze nicht nur gegen viele Bakterienarten hilft, sondern auch viren- und pilzhemmende Eigenschaften besitzt. Entsprechend wird das Kraut heute in der Pflanzenheilkunde gegen Bronchitis, Stirnhöhlenentzündung und Infektionen der Harnwege eingesetzt.

BLÜTEZEIT/FRUCHTZEIT

J	F	M	A	M	J	J	A	S	O	N	D

Ob gelb, orange oder rot, die Leuchtkraft der großen, auf der Rückseite gespornten Blüten ist unübertroffen.

Die rundlichen Früchte reifen am sich verlängernden Blütenstiel heran. Zuletzt zerfallen sie in je drei einsamige Teilfrüchte.

VORKOMMEN ursprünglich in Peru und Ecuador, bei uns als Gartenpflanze kultiviert, nicht selten gartennah verwildert

GRÖSSE einjährig wachsende Pflanze mit bis zu 3 m langen, kriechenden Trieben, mit denen sie an Sträuchern oder Zäunen auch in die Höhe klimmen kann

SAMMELGUT Blätter, Blüten, Blütenknospen, Früchte

VERWENDUNG Junge Blätter sind, roh und gehackt, ebenso wie Gartenkresse verwendbar, also als würzige Salatbeigabe oder in Eierspeisen, Kräuterquarks, Brotaufstrichen und vielem mehr. Die großen Blüten ergeben eine farbkräftige und pikante Speisendekoration, man kann sie aber auch wie Zucchiniblüten mit Frischkäsecreme oder ähnlichem füllen. Blütenknospen wie auch unreife, noch weiche Früchte lassen sich zu »falschen Kapern« verarbeiten.

Typisch

Die Blätter der Kapuzinerkresse sind schildförmig rund. Vom Blattstiel, der ungefähr in der Blattmitte ansetzt, gehen jeweils neun Blattadern aus.

Echter Steinklee

Melilotus officinalis

Sein süßlicher Geruch hat dem Echten oder Gelben Steinklee auch den Namen Honigklee eingebracht. Da er an warmen Standorten in großen Beständen auftreten kann, ist die Luft dort an sonnigen Tagen oft schwer von seinem Duft. Sein ausgedehntes Wurzelwerk macht den Steinklee zu einem Rohbodenpionier. Er wird häufig angesät zur Befestigung von Straßendämmen oder Schutthängen. Wie bei allen Kleearten leben in kleinen Knöllchen an seinen Wurzeln Bakterien, die den Luftstickstoff binden können und dadurch den Boden fruchtbar machen.

VORKOMMEN an sonnigen Wegrändern, Bahndämmen, auf Ödland, in Kiesgruben und Steinbrüchen; häufig

GRÖSSE 30 – 100 cm hohe, zweijährig wachsende Pflanze

SAMMELGUT junge Triebe im Frühjahr, ganzes Kraut samt Blüten

Die kleinen, gelben Schmetterlingsblüten sitzen in bis zu 10 cm langen Trauben beieinander.

VERWENDUNG Mit den jungen Trieben im Frühjahr kann man Bowle ansetzen wie mit Waldmeister – die Bowle schmeckt auch genauso. Um das Aroma noch zu verstärken, lässt man die Triebe vor der Verwendung ein, zwei Tage lang anwelken.
Im Sommer pflückt man das Kraut samt den Blütenständen und aromatisiert damit Marmeladen, Kompott oder Milchspeisen, indem man die Stängel mitkocht und vor dem Verzehr wieder herausfischt. Getrocknet und im Mörser fein zerrieben ergibt das Kraut ein süßaromatisches Gewürz für Süßspeisen. Und in einem Duftpotpourri aufgestellt, erfüllt der Steinklee den Raum mit süßem Waldmeisterduft.

ACHTUNG! Der Waldmeisterduft des Steinklees geht auf Cumarin zurück, das vor allem beim Trocknen der Pflanze entsteht. Cumarin kann Kopfschmerzen hervorrufen und ist in Verdacht geraten, in größeren Mengen krebsauslösend zu wirken. Daher sollte auf häufigen bzw. reichlichen Verzehr von Steinklee verzichtet werden.

Typisch

Die drei Teilblättchen der Kleeblätter sind stark länglich und haben einen deutlich gezackten Rand. Nachts klappen sie nach unten und legen sich zusammen.

BLÜTEZEIT

J	F	M	A	M	J	J	A	S	O	N	D

Grüne oder unscheinbare Blüten

Breitwegerich

Plantago major

Von allen Wegericharten macht der Breitwegerich das, was seinem Namen entspricht: Er wächst mitten auf dem Weg. Seine zähen, breitovalen Blätter und die biegsamen Blütenähren sind ausgesprochen trittfest. Die kleinen, kugeligen Samen werden bei Nässe klebrig. So bleiben sie an Tieren, aber auch an den Schuhen von Menschen haften und werden verbreitet. Auf diese Weise kamen sie mit den weißen Siedlern bis nach Nordamerika und konnten sich dort ausbreiten. Die Indianer gaben der ihnen bis dahin unbekannten Pflanze den Namen »Fußstapfen des Weißen Mannes«.

VORKOMMEN auf betretenem Rasen, stark genutzten Weiden, auf begangenen Wegen, braucht verdichteten Boden; sehr häufig

GRÖSSE Blattrosette nur 5 – 10 cm, Blütenähren bis zu 30 cm hoch

SAMMELGUT Blätter, knospige Blütenstände, Samen

VERWENDUNG Junge, noch weiche Blätter kann man in Salat oder Gemüse essen oder zu Spinat kochen. Das ganze Jahr über können die Blätter wie Sauerkraut vergoren werden. Getrocknet brüht man sie zu einem entzündungshemmenden Heiltee auf, der vor allem gegen Husten und Halsschmerzen hilft. Die langen, noch knospigen Blütenstände lassen sich einfach roh knabbern. Im Spätsommer und Herbst kann man die kleinen Samen aus den Samenständen ausstreifen, um sie wie Hirse in Gemüsegerichten oder Bratlingen zu verwenden.

BLÜTEZEIT/FRUCHTZEIT

J	F	M	A	M	J	J	A	S	O	N	D

Typisch

Wenn die Blütenähre am Ende des blattlosen Stängels aufgeblüht ist, ragen lange Staubblätter mit roten bis rotbraunen Staubgefäßen aus den winzigen Blüten heraus.

Spitzwegerich

Plantago lanceolata

Schon die alten Römer griffen bei allerlei Wehwehchen zu Wegerichblättern als Heilmittel, und so blieb es in der Volksmedizin bis heute. Grundsätzlich sind der Breitwegerich (siehe Seite 212/213) und die übrigen Wegericharten ebenso Heilpflanzen wie der Spitzwegerich, dieser ist medizinisch jedoch am wirksamsten. Daher kommt er in der modernen Pflanzenmedizin heute als einziger Wegerich zum Einsatz, und zwar hauptsächlich als Hustentee. Sein Extrakt wirkt aber auch, äußerlich aufgetragen, gegen Hautentzündungen, Schwellungen und bei leichten Verbrennungen. Ein zerriebenes Wegerichblatt auf einen Insektenstich gepresst lindert Schmerz und Juckreiz.

VORKOMMEN in Fettwiesen und Halbtrockenrasen, an Weg- und Feldrändern, auf nährstoffreichen Böden; sehr häufig

GRÖSSE 10 – 50 cm hohe Staude

SAMMELGUT Blätter, knospige Blütenstände, Samen

VERWENDUNG Die im Aroma an Nüsse oder Champignons erinnernden Blätter sollte man vor der Blütezeit sammeln. Da sind sie noch einigermaßen weich. Quer zur Faserrichtung in feine Streifen geschnitten, verwendet man sie gegart, z.B. in Mischgemüse oder Eiergerichten oder zu Spinat gekocht. Die knospigen, noch zarten Blütenstände schmecken besonders aromatisch. Sie lassen sich roh knabbern oder Salaten untermischen, aber auch zu Gemüse dünsten oder sauer einlegen. Die kleinen, runden Samen verfeinern Gemüse, ähnlich Grünkern. Ihr ausgepresstes, nussig schmeckendes Öl ist auf Brot eine Delikatesse.

BLÜTEZEIT/FRUCHTZEIT

J	F	M	A	M	J	J	A	S	O	N	D

Typisch

Die langen, lanzettlich schmalen Blätter mit den kräftig ausgebildeten Längsadern sind sämtlich grundständig, die Stängel sind blattlos.

Ährige Teufelskralle

Phyteuma spicatum

Typisch

Während die Stängelblätter lanzettlich sind und direkt am Stängel sitzen, sind die grundständigen Blätter breit herzförmig und haben einen langen Stiel.

Woher die Ährige oder Weiße Teufelskralle ihren Namen hat, wird rasch klar, wenn man die krallenförmigen Blüten sieht, die in einer dichten Ähre beieinanderstehen. Phyteuma, *der botanische Name der Pflanze, kommt aus dem Griechischen und heißt so viel wie »kraftvolle Wurzel«. Der große, fleischige Wurzelstock war in früheren Zeiten ein begehrtes Wildgemüse. Die Teufelskralle, von der man in Apotheke und Reformhaus als Arzneimitteln gegen Rheuma liest, ist hingegen eine völlig andere, aus den Tropen stammende Pflanze.*

VORKOMMEN in krautreichen Laub- und Mischwäldern, auf Bergwiesen

GRÖSSE 30 – 70 cm hohe Staude

SAMMELGUT Wurzeln, Blätter, Blüten

VERWENDUNG Vom Herbst bis zum Frühjahr kann man den kräftigen Wurzelstock ausgraben und gut gewaschen für allerlei Kulinarisches verwenden. Roh geraspelt schmeckt er ähnlich wie Meerrettich und ergibt eine pikante Salatzutat oder Würze für Dips. Gekocht verlieren die Wurzeln ihre Schärfe, werden gar süßlich-mehlig, etwa wie Esskastanien. Sie lassen sich als nahrhaftes Gemüse, aber auch als leckeren Salat zubereiten. Nicht zuletzt kann man sie geschält wie Kartoffeln backen oder in der Pfanne braten. Im Frühling dienen die noch zarten Blätter gehackt als Salatkräuter oder gedünstet als Spinat. Die Blütenstände geben eine leckere Speisendekoration ab.

BLÜTEZEIT/FRUCHTZEIT

J	F	M	A	M	J	J	A	S	O	N	D

Die grünlich weißen Blüten der dichten Blütenähre sind oft violett überlaufen. Sie öffnen sich von unten nach oben.

Große Brennnessel

Urtica dioica

»Autsch! Das brennt!« Diese unangenehme Erfahrung hat wohl jeder schon gemacht, der versehentlich in Kontakt mit einer Brennnessel kam. Und genau deshalb zählt das Gewächs nicht gerade zu den Sympathieträgern unter den Blütenpflanzen. Dabei wurde es früher überaus geschätzt, nicht nur als Frühjahrsgemüse, sondern aufgrund seines hohen Vitamin- und Mineralstoffgehalts auch als Heilpflanze. Nicht zuletzt gewann man aus seinen langen Stängeln einen faserigen

Männliche und weibliche Blütenstände sind auf jeweils verschiedenen Pflanzen zu finden.

Bast, den man zu Garn verspann. Daraus wurde das sogenannte Nesselgewebe für Bekleidung gefertigt.

VORKOMMEN an Weg- und Waldrändern, auf Ödland, Ufern; auf stickstoffhaltigen Böden; sehr häufig und meist in großen Gruppen

GRÖSSE 30 – 120 cm hohe Staude.

SAMMELGUT Blätter und Triebspitzen, Samenstände.

VERWENDUNG Die Blätter als Spinat (schmeckt würziger als Gartenspinat) und Pesto; junge Blätter und Triebspitzen, blanchiert und kleingehackt, in Eierspeisen und Gemüsen; die grünen Samen im Sommer ebenso wie die reifen Samen im Herbst, getrocknet oder geröstet, als mildes, nussiges Gewürz; getrocknete, gerebbelte Blätter als mineralstoffreiches Gewürz für den Winter. Für alle Zweifler: Gekocht, blanchiert oder getrocknet brennen Brennnesseln nicht mehr!

Typisch

Blätter und Stängel sind dicht mit steifen, hohlen Brennhaaren besetzt, die bei der leisesten Berührung abbrechen.

BLÜTEZEIT/FRUCHTZEIT

J	F	M	A	M	J	J	A	S	O	N	D

Weißer Gänsefuß

Chenopodium album

Typisch

Die Blätter sind ausgesprochen formenreich, von länglich schmal über oval oder rhombisch bis dreieckig, ihr Rand von glatt bis unregelmäßig gezähnt.

BLÜTEZEIT/FRUCHTZEIT

J	F	M	A	M	J	J	A	S	O	N	D

Den Weißen Gänsefuß, auch oft Melde oder Ackermelde genannt, betrachten die meisten heute als Unkraut. Wo er auftritt, tut er dies oft in Massen. Wissenschaftler haben ermittelt, dass ein einziges großes Exemplar bis zu 1,5 Millionen Samen produzieren kann. Und diese Samen haben die erstaunliche Eigenschaft, dass sie mehrere Jahrhunderte lang keimfähig bleiben. Dabei war die Pflanze in alten Zeiten bei uns ein geschätztes Nahrungsmittel – und ist es heute noch in einigen asiatischen Ländern. In der indischen Küche werden die Samen oft dem Buchweizen vorgezogen. Man mahlt sie zu Mehl oder kocht Grütze daraus.

VORKOMMEN auf Äckern, Brachland, Schuttplätzen und Dämmen, an Wegrändern, in Gärten; sehr häufig

GRÖSSE bis zu 2 m hohe, einjährig wachsende Pflanze, manchmal auch Stängel liegend, nur an der Spitze aufsteigend

SAMMELGUT Blätter und junge Triebe, Blütenknospen und Blüten, Samen

VERWENDUNG Die Blätter, die reich an Vitamin A und C sind, eignen sich bestens als Spinatersatz. (Allerdings können sie, je nach Alter und Standort, gelegentlich auch statt nussig-mild recht bitter schmecken. Am besten vor der Zubereitung probieren!) Blütenknospen und Blüten werden vom Stängel abgerebbelt und einfach roh geknabbert oder als Salatzutat gegessen. Auch in Frischkäse oder Quark schmecken sie gut. Mit den stärkereichen Samen kann man Grütze oder Eintöpfe anreichern. Weil sie sehr leicht keimen, können aus ihnen im Winter gut frische Sprossen gezogen werden.

Die winzigen Blüten stehen in Knäueln in den Blattachseln oder an den Spitzen der Stängel. Meist wirkt der Blütentrieb wie mit Mehl überstäubt.

Typisch

Die derben, fiederteiligen Blätter sind auf der Oberseite grün, unterseits grauweiß filzig behaart. Sie sitzen dem gerieften, rotbraunen Stängel direkt an.

Beifuß

Artemisia vulgaris

Für die alten Germanen war der Beifuß ein magisches Kraut. Sie trugen einen genau zur Sonnwend gepflückten Beifuß zu einem Gürtel geflochten um den Leib oder banden ihn als Sträußchen am Gürtel fest. Dieser Sonnwendgürtel sollte seinen Träger vor den bösen Mächten schützen. Noch heute heißt der Beifuß in manchen Gegenden Sonnwendkraut. Doch damit nicht genug der Zauberei. Bis in die Neuzeit wurde vielerorts ein Beifußbüschel unter den Dachfirst gebunden, um Blitzschlag abzuhalten und Seuchen abzuwehren.

VORKOMMEN an Wegrändern, auf Ödland und Schuttplätzen, an Ufern von Flüssen und Seen; häufig

GRÖSSE 60 – 150 cm hohe Staude

SAMMELGUT Blätter und junge Triebe, blühende Stängel

VERWENDUNG Im Frühjahr lassen sich die jungen, noch zarten Blätter und Triebe gehackt als Frischgewürz zu Salat, Gemüse oder Omeletts verwenden, später im Jahr werden die Blätter derb und bitterwürzig. Dann ist es besser, sie zu trocknen und fein zu rebbeln. So würzen sie traditionell Gänsebraten und andere besonders fette Speisen. Ihre Inhaltsstoffe unterstützen die Fettverdauung. Blühende Stängel geben besonders viel Aroma ab, auch wenn sie noch knospig oder bereits verblüht sind. Man kocht die ganzen Stängel mit und fischt sie vor dem Servieren der Speisen wieder heraus.

Beim Aufblühen schieben sich aus den Hüllblättern der Blütenköpfchen kurze, gelbliche oder rötlich braune Röhrenblüten heraus.

BLÜTEZEIT

J	F	M	A	M	J	J	A	S	O	N	D

Typisch

Die Blätter enthalten kleine Ölbehälter, die mit den würzigen ätherischen Ölen gefüllt sind. Gegen das Licht kann man sie mit bloßem Auge als helle Punkte erkennen.

Echter Majoran

Origanum majorana

Schon die alten Römer kannten und schätzten den Majoran – nicht nur als schmackhaftes Würzkraut, sondern wegen seiner angeblich aphrodisierenden Wirkung. Er galt als die Pflanze der Liebesgöttin Venus, und man würzte schweren Wein damit, um das Liebesverlangen anzuregen. Im alten Griechenland, einer Kultur mit ähnlichen Mythen, bekamen Frischvermählte lange Zeit Girlanden aus Majoran umgelegt.

VORKOMMEN beheimatet im Mittelmeerraum; bei uns als Gewürz- und Heilpflanze angebaut, mancherorts gartennah verwildert

GRÖSSE in der Natur bis 80 cm hohe Staude oder gar Halbstrauch, in Kultur meist einjährig gezogen

SAMMELGUT Blätter und Triebspitzen samt Blütenknospen, zum Trocknen die ganzen Stängel

VERWENDUNG Frisch oder getrocknet verleiht Majoran deftigen Gerichten wie Bratkartoffeln, Eintöpfen und Fleischspeisen sein typisches Aroma. Vor allem aber ist er das Gewürz der Metzger, die ihn in Leberpasteten und Würsten verarbeiten, weshalb er vielerorts auch Wurstkraut genannt wird. Seine Inhaltsstoffe regen den Appetit sowie die Sekretion von Magensaft an und helfen bei Verdauungsbeschwerden.

Die kompakten, beinahe kugeligen Blütenstände setzen sich aus winzigen Lippenblüten und graugrünen, rundlichen Hochblättern zusammen.

BLÜTEZEIT

J	F	M	A	M	J	J	A	S	O	N	D

Kohlkratzdistel

Cirsium oleraceum

Typisch

Jeweils mehrere Blütenkörbchen stehen dicht gedrängt an der Spitze des hohen Stängels, umgeben von bleichgrünen, weichen Hochblättern.

BLÜTEZEIT

J	F	M	A	M	J	J	A	S	O	N	D

Das gerade aufblühende Blütenkörbchen einer Kohlkratzdistel sieht wie ein kleines Kunstwerk aus.

Der Name klingt unangenehmer, als die Pflanze tatsächlich ist: Die Kohlkratzdistel ist nur spärlich mit Stacheln besetzt, und diese sind ziemlich weich und daher kaum stechend. In einigen Regionen Osteuropas und Sibiriens, aber auch in Japan gilt das stattliche Gewächs als Gemüsepflanze. Sowohl die großen Blätter wie auch die dicken Wurzeln werden in der dortigen Küche gegart gegessen. In Japan baut man die Kohldistel, wie sie oft vereinfachend genannt wird, sogar feldmäßig an.

VORKOMMEN in Nasswiesen, an Bachufern und Gräben, in Auwäldern und feuchten Einschlägen; stets auf nassen Böden

GRÖSSE 50 – 150 cm hohe Staude

SAMMELGUT Wurzeln im Herbst und Winter, Stängel, Blätter und Triebe im Frühjahr (vor der Blütezeit), Blütenköpfe im Sommer

VERWENDUNG Die Wurzeln gräbt man aus, schält sie und dünstet sie zu einem milden Gemüse. Oder man trocknet sie und mahlt sie zu Mehl, um damit Brei zu kochen oder Gemüse anzudicken. Die jungen, noch weichen Blätter kann man ebenso wie Stängel und Triebspitzen zu Spinat verarbeiten oder als Rohkost bzw. Salat essen. Sie schmecken ähnlich wie Kopfsalat. Von den Blütenköpfen verwendet man wie bei der Artischocke nur den Blütenboden, den man zu Gemüse kocht.

Sanddorn

Hippophaë rhamnoides

Sein Name beschreibt den etwas sparrig wirkenden Strauch recht gut: Er ist mit kräftigen Dornen bestückt und wächst vorzugsweise auf sandigen oder kiesigen Böden. Sein ausgedehntes Wurzelsystem, das bis zu 3 m in die Tiefe und bis zu 12 m im Umkreis reichen kann, ermöglicht es ihm, sich auch in lockeren Böden fest zu verankern. Die fleischigen, orangeroten Früchte sind keine Beeren, sondern kleine Steinfrüchte. Sie zeichnen sich durch einen enorm hohen Vitamin-C-Gehalt aus (schon ein Löffel Fruchtmus deckt den Tagesbedarf eines Erwachsenen), enthalten aber auch reichlich B-Vitamine, Vitamin E und F sowie Mineralstoffe.

BLÜTEZEIT/FRUCHTZEIT

J	F	M	A	M	J	J	A	S	O	N	D

Typisch

Die weidenartig schmalen Blätter sind unterseits graugrün, beinahe silbrig glänzend, was den Strauch aus der Ferne grau aussehen lässt.

VORKOMMEN in lichten Kiefernwäldern, trockenen Flussauen, an kiesigen Ufern, auf Schotterbänken, an Felshängen, auf Dünen, oft an Autobahnen und zur Befestigung lockerer Böden angepflanzt

GRÖSSE 1 – 5 m hoher Strauch

SAMMELGUT Früchte

VERWENDUNG Die reifen Früchte ergeben, gekocht und durch ein Sieb passiert, ein Fruchtmus, das z.B. Quark, Kompotten oder Speiseeis ein delikates Aroma verleiht. Auch roh kann man die Früchte zu Saft oder Mus pressen. Getrocknet machen sie sich gut als Teebestandteil.

Sanddorn blüht noch vor dem Blattaustrieb. Männliche (Bild) und weibliche Blüten stehen bei ihm getrennt auf verschiedenen Pflanzen.

Schwarze Johannisbeere

Ribes nigrum

Über den Geruch, den die Blätter und Zweige der Schwarzen Johannisbeere beim Quetschen verströmen, scheiden sich die Geister. Die einen beschreiben ihn als angenehm aromatisch, die anderen empfinden ihn als wanzenartig stinkend. Dass die saftigen Früchte jedoch ausgesprochen gesund sind, darüber herrscht Einigkeit. Immerhin stehen sie im Vitamin-C-Gehalt unter den heimischen Früchten auf Rang drei, nur übertroffen von Hagebutte (siehe Seite 54/55) und Sanddorn (siehe Seite 228/229).

Die kleinen Blüten stehen in Trauben beieinander. Ihr bleichgrüner, glockiger Blütenkelch endet in fünf bräunlichroten, zurückgeschlagenen Zipfeln.

VORKOMMEN in Auwäldern und feuchten Gebüschen, an Flussläufen; oft als Beerenobst kultiviert, dann auch gartennah verwildert

GRÖSSE 1,50 – 2 m hoher Strauch

SAMMELGUT Früchte, junge Blätter

VERWENDUNG Die reifen, schwarzen Früchte stellen ein saftiges, sehr aromatisches Beerenobst dar, das frisch z.B. auf Kuchen, in Obstsalat oder Früchtequark gegessen wird. Auch zu Gelee und Konfitüre, Saft, Wein oder Likör (Cassis) werden die Beeren verarbeitet. Junge, noch zarte Blätter können im Frühling klein gehackt als Würze für Salate, Suppen oder Kräuterfüllungen genutzt werden.

BLÜTEZEIT/FRUCHTZEIT

J	F	M	A	M	J	J	A	S	O	N	D

Typisch

Die breiten, drei- bis fünflappigen Blätter sind auf der Unterseite mit regelmäßig verteilten, gelblichen Harzdrüsen besetzt.

Typisch

Die Blätter lassen sich von denen der Schwarzen Johannisbeere unterscheiden, indem man sie reibt. Die der Roten Johannisbeere sind geruchlos und auf ihren Unterseiten gibt es keine Harzdrüsen.

BLÜTEZEIT/FRUCHTZEIT

J	F	M	A	M	J	J	A	S	O	N	D

Rote Johannisbeere

Ribes rubrum

Schon Ende des 15. Jahrhunderts wurde die Rote Johannisbeere als Beerenobst in Kultur genommen. Seither hat man zahllose Gartensorten aus ihr gezüchtet, darunter auch solche mit ganz bleichen Beeren, die sogenannten Weißen Johannisbeeren. Dass auch die reifen Beeren stark sauer schmecken, liegt am hohen Gehalt an Fruchtsäuren. Ihren Namen tragen die Johannisbeeren übrigens nach der Reifezeit ihrer Früchte, die meist um den Johannistag (24. Juni) beginnt.

VORKOMMEN wild nur noch selten in Auwäldern und feuchten Gebüschen, häufiger aus Gärten verwildert; braucht feuchten, nährstoffreichen Boden

GRÖSSE 1 – 2 m hoher Strauch

SAMMELGUT Früchte, junge Blätter

VERWENDUNG Rote Johannisbeeren sind ein fruchtig-saures Beerenobst, das Obstsalaten und Mischkonfitüren einen Frischekick gibt und eine Hauptzutat von Roter Grütze ist. Natürlich lassen sie sich auch zu Saft, Gelee, Wein und Spirituosen verarbeiten, dienen als Kuchenbelag und können roh verzehrt werden.

Die kleinen, grünlich bis gelblichen Blüten fallen nur durch ihre Menge auf. Sie stellen eine gute Bienenweide dar.

Stachelbeere

Ribes uva-crispa

Die Stachelbeere trägt tatsächlich Stacheln, und zwar nicht wenige. Einzeln, zu zweit oder zu dritt sitzen sie an den Zweigen. Das hinderte die Menschen nicht daran, den in fast ganz Europa wild vorkommenden Strauch in Kultur zu nehmen. Seit dem 16. Jahrhundert wurden eine große Zahl verschiedener Sorten gezüchtet, darunter nicht nur grünfrüchtige wie die Wildform, sondern solche mit gelben und roten Beeren. Auch Kreuzungen aus Stachelbeeren und Schwarzen Johannisbeeren entstanden, die sogenannten Jostabeeren.

VORKOMMEN in Auwäldern, an feuchten Waldrändern, in Schlucht- und Bergwäldern, in Gebüschen, entlang von Zäunen; oft als Beerenobst gepflanzt und aus Gärten verwildert

Die Kelchblätter sind deutlich länger als die weißlichen Kronblätter. Bei der geöffneten Blüte sind sie weit zurückgeschlagen und zeigen ihre rotbraune Innenseite.Die Blüten hängen einzeln oder zu zweit an kurzen Stielchen aus den Blattachseln.

GRÖSSE 60 cm – 1 m, selten bis 1,50 m hoher Strauch mit meist bogig überhängenden Zweigen

SAMMELGUT Früchte, junge Blätter

VERWENDUNG Die Stachelbeeren schmecken roh als Beerenobst ebenso gut wie als Kuchenbelag, Kompott, Marmelade usw. Je nach Standort oder Sorte schmecken sie säuerlich mit leichtem Kiwiaroma oder ausgesprochen süß. Gerade ausgetriebene, noch zarte Blätter lassen sich gehackt in Salat oder Kräutersaucen verwenden. Wild wachsende Stachelbeersträucher tragen kräftige Stacheln, gezüchtete Gartenformen haben manchmal nur noch Borsten. Von ihnen lässt sich einfacher ernten.

BLÜTEZEIT/FRUCHTZEIT

J	F	M	A	M	J	J	A	S	O	N	D

Typisch

Blätter und Blattstiele sind ebenso wie die Blütenkelche und die Früchte dicht abstehend behaart.

Gewöhnliche Hasel

Corylus avellana

Als einer der ersten im Jahr kommt der Haselstrauch zur Blüte. Er bildet dabei zweierlei Blütenstände aus, zum einen die schlaff herabhängenden männlichen Kätzchen (ganz rechtes Bild), zum andern Grüppchen winziger weiblicher Blüten, die jedoch von den Knospenblättern umschlossen bleiben und nur ein Büschel roter Narben herausstrecken. Obwohl Bienen gern die Haselkätzchen besuchen, um sich an den Pollen zu stärken, fungieren sie nicht als Bestäuber. Diesen »Job« übernimmt der Wind. Bis zu 2 Millionen Pollenkörnchen entlässt ein einziges der gelben »Würstchen« in die Luft.

Die Nüsse stecken in einer zerschlitzten, becherförmigen Blatthülle.

Die männlichen Blütenstände der Hasel hängen meist paarweise am Ast nach unten.

VORKOMMEN in lichten Laubwäldern, an Waldrändern, in Gebüschen und Hecken, an Gewässerufern

GRÖSSE 2 – 6 m hoher Strauch

SAMMELGUT Nüsse, Blütenkätzchen

VERWENDUNG Die Nüsse werden, aufgeknackt und geschält, roh oder geröstet gegessen, als Knabberei oder in Müsli. Gemahlen verfeinern sie viele Kuchen. Man kann aus den Kernen auch ein hochwertiges Speiseöl pressen, immerhin bestehen sie zu rund 60 % aus fetten Ölen. Wer mag, kann im Frühjahr die männlichen Blütenkätzchen ernten und, pikant gewürzt, zu einem Chutney verarbeiten. Sie haben zwar keinen besonderen Eigengeschmack, sind aber sehr eiweißreich.

BLÜTEZEIT/FRUCHTZEIT

J	F	M	A	M	J	J	A	S	O	N	D

Typisch

Die großen, rundlichen Blätter mit dem scharf gesägten Rand sind vorn zu einer kurzen Spitze ausgezogen. Aufgrund einer feinen Behaarung fühlen sie sich sehr weich an.

Hängebirke

Betula pendula

Typisch

Die schwarzweiße Rinde in Kombination mit der schlanken Erscheinung und den überhängenden Zweigen macht die Hängebirke unverwechselbar.

Während die Rinde an jungen Stämmen und Ästen weiß ist, wird die kräftige Borke an der Basis dickerer Stämme längs aufgerissen und zeigt deshalb tiefe, schwarze Furchen. Die Weißfärbung der Birkenrinde entsteht durch Betulin, eine Substanz, die das komplette Spektrum des Sonnenlichts reflektiert und deshalb weiß erscheint. Betulin schützt den Baum gegen Tierfraß und imprägniert die Rinde gegen Nässe. Der Imprägnierschutz ist so gut, dass in Skandinavien die traditionellen Grasdächer statt mit Teerpappe mit einer Schicht Birkenrinde unterlegt werden.

VORKOMMEN in lichten Laub- und Mischwäldern, Feldgehölzen, auf Heiden und Mooren, Pioniergehölz auf Brachflächen

GRÖSSE bis 25 m hoher Baum

SAMMELGUT Baumsaft (Stamm im Frühjahr 2 – 4 cm tief anbohren, liefert bis zu 5 Liter Saft pro Baum und Tag; Achtung: übermäßige Verletzungen des Baums vermeiden!); Blätter

Während die weiblichen Blütenstände als dünne, grüne bis rötliche Kerzen aufrecht auf den Zweigen stehen, hängen die männlichen Kätzchen lang und schlaff herab.

VERWENDUNG Den stark zuckerhaltigen Baumsaft, der im Frühjahr von den Wurzeln in die Krone aufsteigt, kann man frisch trinken oder als Süßungsmittel für Getränke oder Desserts verwenden. Man kann ihn auch zu Sirup einkochen und so konservieren, manche vergären ihn zu Wein. Die ganz jungen Frühlingsblätter lassen sich gehackt zu Salaten, Gemüsegerichten oder Kräuterfüllungen verwenden. Das ganze Jahr über ergeben die Birkenblätter, zu einem Tee aufgegossen, ein altbewährtes Mittel zur Entwässerung und gegen Blasenleiden.

BLÜTEZEIT/FRUCHTZEIT

J	F	M	A	M	J	J	A	S	O	N	D

Winterlinde

Tilia cordata

Seit Jahrtausenden hatte in Mitteleuropa fast jedes Dorf einen Platz mit einem zentralen Lindenbaum. Hier wurden nicht nur Gerichtstage gehalten, sondern auch Feste gefeiert und getanzt. Doch heute sieht man die Linden gar nicht mehr gerne auf den Dorfplätzen, weil von ihren Blättern »Lindenhonig« auf die darunter geparkten Autos tropft, eine Mischung aus Blütennektar und Honigtau der Blattläuse. Dabei verbreitet eine blühende Linde eine richtig romantische Stimmung. An warmen Tagen geht von ihr ein betörend süßer Duft aus.

VORKOMMEN in Auwäldern und Laubmischwäldern, an sonnigen Hängen, oft als Park- oder Straßenbaum gepflanzt

GRÖSSE bis zu 30 m hoher Baum mit hoch aufgewölbter, oft etwas unregelmäßiger Krone

Die Blätter der Winterlinde sind so gleichmäßig herzförmig, dass dies dem Baum seinen botanischen Namen gegeben hat: cordata *bedeutet auf Lateinisch herzförmig.*

Die verzweigten Blütenstände sind am Stiel jeweils mit einem zungenförmigen, bleichgrünen Tragblatt verwachsen.

SAMMELGUT Blätter, Blüten und Blütenknospen, Samen

VERWENDUNG Die weichen, geschmacklich angenehm milden Blätter lassen sich prima Salaten zugeben sowie zu Spinat oder Kräuterfüllungen verarbeiten. Auch die Blütenknospen machen sich gut in Salaten. Sind die Blüten erst geöffnet und süß duftend, verleihen sie Tee und anderen Getränken, aber auch Desserts ihr charakteristisches Aroma. Gleich nach Ende der Blütezeit, wenn die kugeligen Samen noch unreif und weich sind, kann man sie wie Kapern einlegen, reife Samen lassen sich (geschält) roh knabbern.

Typisch

Auf der Unterseite der Blätter sitzen kleine Haarbüschel in den Gabelungen der Blattnerven. Sie sind bei der Winterlinde rotbraun, bei der sehr ähnlichen, aber größerblättrigen Sommerlinde (Tilia platyphyllos) ***dagegen weiß.***

BLÜTEZEIT/FRUCHTZEIT

J	F	M	A	M	J	J	A	S	O	N	D

Rotbuche

Fagus sylvatica

Ursprünglich war die Rotbuche, umgangssprachlich meist einfach Buche genannt, der Waldbaum Mitteleuropas. Und obwohl sie zunehmend von Nadelholzforsten verdrängt wird, ist sie in Deutschland bis auf den heutigen Tag der häufigste Laubbaum geblieben. Das »Rot-« in ihrem Namen bezieht sich auf den rötlichen Ton ihres Holzes. Es handelt sich um ein hartes Holz, das aufgrund seines hohen Brennwerts begehrt ist bei Besitzern offener Kamine. Doch auch für den Möbel- und Parkettbau und für die Furnierherstellung findet es Verwendung.

VORKOMMEN in Laub- und Mischwäldern

GRÖSSE bis 30 m hoher Baum, im Wald mit schlanker, bei Freistand mit breit ausladender Krone

Während die männlichen Blüten in gestielten Knäueln herabhängen, stehen die weiblichen einzeln oder paarweise am Zweig.

Um die dreikantigen Nüsse (Bucheckern) freizugeben, springt die stachelborstige Hülle mit vier Klappen auf.

SAMMELGUT Früchte (Bucheckern)

VERWENDUNG Die dreikantigen Nüsse, die aus den vom Baum fallenden stacheligen Hüllen entlassen werden, schmecken köstlich. Sie erinnern im Aroma an Mandeln. Geröstet gibt man sie wie Pinienkerne über Salate, gekocht geben sie Gemüse eine feine Note. Sie bestehen zu fast 50 % aus fetten Ölen, man kann daher auch Speiseöl aus ihnen auspressen.

ACHTUNG! Bei empfindlichen Menschen kann der Verzehr größerer Mengen roher Bucheckern zu Magenschmerzen führen. Beim Erhitzen werden die dafür verantwortlichen Alkaloide jedoch abgebaut, der Genuss ist dann unbedenklich.

BLÜTEZEIT/FRUCHTZEIT

J	F	M	A	M	J	J	A	S	O	N	D

Typisch

Der Stamm der Rotbuche ist von einer glatten, silbergrauen Borke umgeben, die auch bei älteren Bäumen nur unwesentlich rissig wird.

Esskastanie

Castanea sativa

Trotz ihres Namens ist die Ess- oder Edelkastanie überhaupt nicht mit der Rosskastanie verwandt, nur die Früchte sehen auf den ersten Blick ähnlich aus. Die Wissenschaftler vermuten, dass erst die Römer die mächtigen Bäume aus dem Mittelmeergebiet über die Alpen gebracht haben. In Südeuropa stellen die stärkereichen Früchte seit alter Zeit und bis heute ein wichtiges Nahrungsmittel dar, bei uns kennt man sie vor allem von den Weihnachtsmärkten, wo sie als »heiße Maroni« angeboten werden.

Die üppigen, bis zu 15 cm langen männlichen Blütenstände bilden zwar einen auffälligen Schmuck, riechen aber nicht besonders gut.

Wenn die über und über mit langen und empfindlich stechenden Stacheln bedeckten Fruchthüllen aufplatzen, kommen 1 – 3 glänzend braune Esskastanien zum Vorschein.

VORKOMMEN in Laubmischwäldern, wild im ganzen Mittelmeerraum, in Mitteleuropa nur in Weinbaugebieten sowie als Kulturbaum angepflanzt und teilweise verwildert

GRÖSSE bis zu 35 m hoher Baum mit meist ausladender Krone

SAMMELGUT Früchte (Esskastanien oder Maroni), sobald sie sich vom Zweig lösen

VERWENDUNG Man befreit die braunen Esskastanien aus ihrer stacheligen grünen Hülle, ritzt ihre braune Schale mit einem Messer an und kocht sie oder röstet sie im Backofen. Dann kann man ihr nussig-süßes, etwas mehliges Inneres als warme Köstlichkeit genießen oder zu einem Püree verarbeiten, das wiederum Zutat für Suppen, Desserts oder Kuchen sein kann.

BLÜTEZEIT/FRUCHTZEIT

J	F	M	A	M	J	J	A	S	O	N	D

Typisch

Bis zu 30 cm Länge können die schmalen, am Rand scharf gesägten Blätter erreichen. Sie fühlen sich beinahe ledrig an.

Schwarzkiefer

Pinus nigra

Ihren Namen verdankt die Schwarzkiefer ihrer (zumindest bei älteren Bäumen) dunkel graubraunen bis schwarzbraunen Borke, die im unteren Stammbereich grobfurchig aufspringt. Der Baum erreicht nicht nur eine stattliche Höhe, sondern mit bis zu 800 Jahren auch ein solches Alter. Dafür trägt er auch erst mit 15 Jahren zum ersten Mal Zapfen, manche Exemplare sogar erst mit 30 Jahren.

VORKOMMEN wild in Bergwäldern Süd- und Südosteuropas; in Mitteleuropa als Waldbaum eingeführt; häufig in Parks und Gärten

GRÖSSE bis zu 30 m, manchmal bis zu 50 m hoher Baum, im Wald oft sehr hochstämmig

SAMMELGUT junge Triebspitzen, Samen

VERWENDUNG Ganz junge, noch weiche Triebspitzen lassen sich mit heißem Wasser zu einem sehr aromatischen Tee aufgießen, der angenehm nach »Wald« riecht. Oder man kocht sie in Wasser aus, setzt Zucker zu und reduziert das Ganze zu einem geschmackvollen Sirup, mit dem sich allerlei Süßspeisen und Getränke verfeinern lassen. Auch zum Aromatisieren von Spirituosen werden die Triebe eingesetzt. Ab Spätsommer kann man die Samen ernten, indem man noch weitgehend geschlossene Kiefernzapfen im Backofen erwärmt und so zum Öffnen bringt. Anschließend kann man die Samen herausklopfen. Sie sind zwar nicht so groß wie die mediterranen Pinienkerne, schmecken aber sehr ähnlich.

BLÜTEZEIT/FRUCHTZEIT

J F M A M J J A S O N D

Die gelben, walzenförmigen männlichen Blütenstände findet man oft auch im unteren Kronenbereich, während die viel kleineren weiblichen Blütenstände nur ganz oben im Baum sitzen.

Typisch

Die bis zu 15 cm langen, steifen und spitzen Nadeln stehen immer paarweise an stummeligen Kurztrieben.

Gewöhnliche Fichte

Picea abies

Typisch

Während Forstfichten einen hohen, astfreien Stamm entwickeln, bleiben freistehende Exemplare bis fast zum Boden herab beastet.

Die Gewöhnliche Fichte, fälschlich auch oft Rottanne genannt, liebt es kühl. Natürlicherweise kommt sie im nördlichen Eurasien vor, von Skandinavien bis Sibirien, in Mitteleuropa vor allem in den Gebirgen bis hinauf auf 2400 m. Man hat schon eine Frostbeständigkeit von – 60 °C beobachten können. Dabei reichert die Fichte Zucker in ihren Nadeln an, der als natürliches Frostschutzmittel wirkt. Erst der Mensch hat den Baum auch ins wärmere Flachland geholt. Seit im 18. Jahrhundert eine systematische Aufforstung mit Fichten begann, wurde sie zu dem Forstbaum Mitteleuropas.

VORKOMMEN in Nordeuropa und in den Gebirgen Mitteleuropas; im Tiefland sehr häufig als Forstbaum gepflanzt

GRÖSSE bis zu 50 m hoher Baum mit schlanker, spitz kegelförmiger Krone

SAMMELGUT junge Triebspitzen, Samen

VERWENDUNG Die ganz jungen Triebspitzen zupft man im Frühjahr ab und verwendet sie als Speisewürze. Sie schmecken überraschend zitronenfrisch. Auch zu einem Tee aufgegossen schmecken sie gut. Manche kochen sie auch mit Zucker aus und reduzieren die Lösung dann zu einem Sirup. Die Samen kann man roh knabbern (ohne die häutigen Flügel) oder rösten. Man gewinnt sie, indem man noch geschlossene Zapfen sammelt, diese sich im warmen Zimmer oder im Backofen öffnen lässt und die Samen herausschüttelt.

BLÜTEZEIT/FRUCHTZEIT

J	F	M	A	M	J	J	A	S	O	N	D

Die steifen und stechenden Nadeln der Fichte stehen rundum am Zweig. Im Frühjahr fallen die purpurroten weiblichen Blütenstände ins Auge.

Bildnachweis

Cover: Marlene Becker-Schlösser
U4: Garden World Images; F1-online; A1Pix
Alle Illustrationen Klappen/Innenteil von: Patricia Kestel; Kestel Concept & Design

A1Pix: 14, 82-83, 108, 172 226-1; **Alimdi:** 126; **All medical:** 83, 144, 208; **Arco Images:** 102, 120-121, 129, 148, 183-1, 247; **Avatra:** 26; **Beat Ernst:** 121, 176, 191-1, 203-2, 209, 219, 225; **Bildagentur online:** 6, 22, 24, 160, 234; **Bildmaschine:** 16, 32; **Bildstelle:** 162-163, 189; **Bilwissedition:** 058, 079; **Biopix:** 222; **Biosphoto:** 1, 47, 50, 51, 53-1, 56, 77-1, 86, 91, 92, 106-107, 110, 119, 122, 128, 140-141, 190, 203-1, 244, U3-U4; **Blickwinkel:** 23, 85, 133-1, 134, 217-1, 223, 240; **Botanikfoto:** 10, 18, 65; **Das Gartenarchiv:** 30, 186, 194-195; **ddp:** 20; **DFJV:** 67, 95-2, 103-2; 105-1, 163, 164, 185, 195-1, 196, 200, 204, 245-1; **Doc Stock:** 89-2, 101-2, 174; **dpa:** 9, 11, 18-1; **Elke Borkowski:** 112; **F1-online:** 97-2, 101-1, 111, 117, 157, 171, 202; **Flashmedia:** 25, 31; **Florapress:** 8, 18-2, 34, 35, 37, 38, 39, 68, 76, 81-1, 114, 115-2, 131, 146-1, 154, 169, 170-171, 175, 210-211, 220, 237-1; **Florapress/Visions:** 74, 207-1; **FLPA:** 150-151; **Focus/SPL:** 100; **Fotex:** 27, 36; **GAP:** 42-1, 52, 54-55, 59, 63, 81-2, 90, 93, 99-1, 107, 149, 191-2, 206, 207-2, 230, 235-2, 241-1, 249; **Garden Collection:** 64-2; **Garden World Images:** 17, 142-143, 201-2; **Geduldig:** 218; **Geotop:** 147; 45-2, 48, 87, 104, 132, 156, 161, 199, 238-239; **Getty:** 45-2, 49, 87, 104, 132, 156, 160, 199, 238; **Sabine Gilcher:** 44; **Gruppe 28:** 43; **Hansjörg Haas:** 184; **Hippocampus Bildarchiv/ Frank Teigler:** 94, 95-1, 145, 177, 187, 237-2, 242-1; **Horizon Features:** 80; **Imago Sportfoto:** 180-181; **Gudrun Kairat:** 60-61; **Laif:** 244; **Lavendelfoto:** 98-2, 153; **Look:** 97-1; **Mauritius Images:** 29, 64-1, 70, 71, 75, 178-179, 221; **Nature Picture Library:** 48, 53-2; **Peter Nishitani/ Nishitani-Illustration:**15; **Okapia:** 13, 33, 158-159, 212, 216, 248; **Gert Paassen:** 123-1; **Photolibrary/getty Images:** 4-5, 89-1, 96, 98, 105-2, 113-1, 113-2, 123-2, 138-139, 192, 193, 198, 229, 231, 236, 242-2, 243, 246; **Photoshot:** 232; **Premium:** 40-41, 62-63, 136, 241-2; **Premium/ Waldhäusl:** 72-73; **Prisma:** 28, 84, 88, 103-1, 109, 126-2, 130, 135-1, 135-1, 135-2, 146-2, 155, 165, 182, 227-1; **Guido Sachse:** 66-67, 78-79, 124-125; **Marlene Becker-Schlösser:** 46-47; **Stockfood:** 12; **Superbild:** 7, 188, 245-2; **SPL / Agentur Focus:** 118; **Topic-Media:** 127-1; **Vario Images:** 152, 159; **Waldhäusl:** 168; **Zoonar:** 116, 125, 215, 228-229, 233, 239

Historische Pflanzenabbildungen in diesem Buch: Mit freundlicher Genehmigung von Dr. G. Keuck

Service

Adressen

Deutschland

Bundesamt für Naturschutz, Konstantinstr. 110, 53179 Bonn, www.bfn.de

Bund für Umwelt und Naturschutz Deutschland e.V. (BUND), Bundesgeschäftsstelle, Am Köllnischen Park 1, D-10179 Berlin, Tel.: 03027586-40, www.bund.net

Heinz Sielmann Stiftung, Gut Herbigshagen, D 37115 Duderstadt, Tel.: 05527-914-0, www.sielmann-stiftung.de

Naturschutzbund Deutschland e.V. (NABU), Charitéstraße 3 D-10117 Berlin, www.nabu.de

Österreich

Naturschutzbund Österreich, Museumsplatz 2, A-5020 Salzburg, Tel.: +43 662642909, www.naturschutzbund.at

Schweiz

Wildpflanzen-Infostelle, c/o CPS-SKEW, Domaine de Changins, CP 1012, 1260 Nyon, www.wildpflanzen.ch

Giftnotrufzentralen

Hier finden Sie Telefonnummern der nächsten Zentrale

Deutschland

www.bvl.bund.de

Österreich

Vergiftungsinformationszentrale, Stubenring 6, A-1010 Wien, Tel.: +43 1 4064343 (Notruf), www.meduniwien.ac.at

Schweiz

Schweizerisches Toxikologisches Informationszentrum, Freiestr. 16, CH-8032 Zürich, Tel.: 145 (Notruf), www.toxi.ch

Internet

www.naturgucker.de
www.wildkraeuter.at
www.wild-kraeuter.de

Bücher

***Dreyer, E.:** Essbare Wildkräuter und ihre giftigen Doppelgänger; Kosmos, Stuttgart*
***Fleischhauer, S.:** Enzyklopädie der essbaren Wildpflanzen; AT Verlag, Aarau und München*
***Kremer, Bruno, P.:** Essbare und giftige Wildpflanzen; Ulmer, Stuttgart*

Zeitschriften

***natur**, Konradin Medien, Leinfelden-Echterdingen*

Impressum

Wichtiger Hinweis
Die Daten und Fakten dieses Ratgebers wurden mit äußerster Sorgfalt recherchiert und geprüft. Dennoch kann keine Garantie übernommen werden. Eine Haftung des Verlages für Personen-, Sach- und Vermögensschäden ist ausgeschlossen. Beim Bestimmen in der Natur müssen stets alle Merkmale beachtet werden.

Die Autorin Dr. Helga Hofmann studierte Biologie und Chemie und war viele Jahre als wissenschaftliche Mitarbeiterin am Botanischen Institut der Universität München tätig. Seit langem macht sie es sich zur Aufgabe, das Wissen über die Natur einer breiten Öffentlichkeit nahezubringen. Sie ist Verfasserin zahlreicher Bücher über Tiere und Pflanzen und deren Lebensweisen und engagiert sich für den Natur- und Artenschutz.

Umschlaggestaltung und Layout:
Independent Medien-Design, Horst Moser, München

Herausgeber: Georg Kessler

Projektleitung: Regina Denk

Bildredaktion: Daniela Laußer, Petra Ender (Cover)

Redaktionelle Mitarbeit: Anne-Kathrin Wahler

Herstellung: Petra Roth

Satz: wortundart, Janette Schroeder, München/Berlin

Repro: Longo AG, Bozen

Druck und Bindung: Printer Trento S.r.l., Trento

ISBN 978-3-8338-2611-5
5. Auflage 2016